最短コースでわかる
ディープラーニングの数学

綴じ込み！
最短コース
マップ

赤石雅典
Masanori Akaishi

日経BP社

本書で紹介する Jupyter Notebook ファイルなどの入手方法

　本書の GitHub ページ「https://github.com/makaishi2/math_dl_book_info」（短縮 URL：http://bit.ly/2Ek8sFu）において、Apache License 2.0 で公開しています。

まえがき

　2012年の画像認識のコンテストで驚異的な認識率をひっさげて登場した「ディープラーニング」は、その後すさまじい勢いで進歩をとげ、大ブームとなりました。

　人工知能（AI）のブームは、第1次、第2次と過去にもありましたが、第3次となる今回とこれまでとの最大の相違点は、今まで解けなかった実際の問題に対して次々と結果を出している点です。どのような形になるかはわかりませんが、今後も社会に不可欠な技術として定着することは間違いないと筆者は考えています。

　このように大きなインパクトを示したディープラーニングに対して、多くの人が「その動作原理を理解したい」と考えます。筆者もその一人でした。幸いにして基礎的なところは本を出せるレベルまでは理解できるようになりました。

　そこで感じたのは「これって結局のところ数学だな」ということです。もう1つ感じたことがあります。それは世の中に大量に出回っている「ディープラーニング」や「機械学習」をタイトルとしている書籍が

・初心者を意識する余り、ディープラーニングの本質までたどり着けずに終わっている
・ちゃんと書かれているが、出だしからハードルが高すぎて、最初からわからない

の2つのパターンに分かれてしまい、その中間のレベルのものがほとんど見当たらないことです。初心者向けの本でありがちなパターンとして
　「初心者」＝「数学が苦手」という前提を基に、「数学の話になるとすぐ例え話で代用しようとする」→「結局なんだかわからなくなる」
という傾向も感じました。

　今回、筆者が本書を執筆しようとした最大の思いは、まさにこの現状のギャップを埋めたかったということになります。そして本を出すにあたって真っ先に

考えたのは、従来の初心者向け書籍と逆の発想で「数学から逃げない」形にすることでした。

数学の解説の出発点をどこに置くかについては、いろいろと検討した結果「高校1年（数Ⅰ）の復習から」というレベルに設定しました。必要な数学の一番上のレベルは大学の教養課程です。具体的には多変数関数の微分や行列[1]などがこのレベルに該当しています。

ちょっと考えると相当険しそうな道です。だからこそ、今までの初心者向けの本はこの道を避けて通ったものと思われます。しかし、筆者はここで諦めず、ディープラーニングのアルゴリズムを理解する上で本当に必要な概念は何かを洗い出し、それを理解するためにはどの概念がわかっていればよいかを数Ⅰレベルに達するまで逆にたどっていったのです。そうやって必要な概念を洗い出してみると、書籍1冊の半分程度の分量で解説できそうでした。残りの半分で機械学習・ディープラーニングのアルゴリズムの解説を加えれば、筆者が欲しいと思う本になるのでは、というのが、本書の基本的なアイデアとなりました。

本書は「導入編」「理論編」「実践編」「発展編」の4部構成となっています。

冒頭の「導入編」は、この本全体の見取り図になっています。当初は、基礎概念の説明にとどめるつもりだったのですが、編集者より「高校1年の数学の範囲で解ける簡単な例題を入れられないか」という無理な注文がありました。そこで、微分を一切使わずに解く方法をひねり出しました[2]。結果的に、最初の段階でこの問題を解くことで、

- 機械学習・ディープラーニングとは結局「予測関数」から「損失関数」を導出し、「損失関数の最小化」という数学モデルを解くことで最適なモデルを作る方式である点
- しかし、より一般的な問題を解こうとすると、指数関数、対数関数、偏微分といった高校1年の数学ではカバーしきれない概念が多数出てくるため、数学を知らずして先に進めない点

---

[1]「高校で行列はやった」と思われた方は最新の高校数学の教育課程を見てみてください。比較的最近のことですが、今はまったくなくなっています。
[2]「線形単回帰」の問題を座標系の平行移動で単純な平方完成の問題に帰着させました。

の2つが実感として持てる形になったかと思います。

　本書前半部分を構成する「理論編」は数学の解説書になっています。理論編において特に意識したことが3つあります。

　1つ目は**「出てくる公式・定理はできる限り直感的にわかる（ないしはわかった気になれる）ようにする」**ことです。本書を書くにあたって、高校数学の参考書もいろいろ見てみたのですが、重要な公式・定理が天下り的に出てきて、いきなり演習問題から入る本がすごく多くありました。これでは納得できなくて先に進めない人も多いのではないかと考えました。

　そこで本書では新しい公式を導入する場合は、「**なぜこの公式が出てくるかの説明**」[3] をできる限り丁寧に、また図形で表現できる場合は**図形的な説明**をできるだけ取り入れて行いました。**「この公式は要するにこういうことだな」というイメージ**さえ持てれば、その公式をすぐに使いこなせると筆者は考えています。例えば、2章で解説するように微分とは結局「関数のグラフをどんどん拡大していくと最後は直線と見なせる」という話にすぎません。この性質をうまく使うと、他のもっと複雑な微分公式を簡単に導出できたりするのです。具体的には2章を読んでいただければわかると思います。

　2つ目に注意した点は**「取り扱う概念はできる限り必要最小限なものに絞り込む」**という点です。ディープラーニングを理解するということが読者の目的であるとするなら、それに関係ない概念は知らなくてよいことになります。このような取捨選択をすることで高くなりがちな「数学」のハードルをできる限り低くするよう工夫したつもりです。筆者としては、「三角関数の微分とπの関係の話」とか、「行列の固有値・固有ベクトル」のような話も書きたかったのですが、ディープラーニングでは使用しない概念なので涙をのんで落としています。

　3つ目は**「概念間の関係性」**を重視した点です。こうやって絞り込んだ数学の概念の間では、概念間の関係性・依存性があります。高校1年の数学を出発点として、ある概念の解説の中に定義・解説をしていない新しい概念が出てこないようにするため、理論編の章の順番は何度も見直しました。最終的には今

---

[3] ここが「証明」でなく「説明」であることが本書のミソの1つです。公式を使いこなすためには「要するにこういうことだよね」というイメージを持つことが重要で、数学者でない限り厳密な証明は必ずしも必要ないと筆者は考えています。

の章構成に落ち着いたのですが、その**集大成として完成した概念間の関係については、巻頭の特製綴じ込みページにまとめています**。ある概念の理解につまずいたとき、それは、どこがわかっていないせいなのか、このページを見ると簡単に見てとれますので、ぜひご活用ください。

本書後半部分の「実践編」は、簡単にいうとディープラーニングのアルゴリズムの解説です。実践編に関しては、以下のことを特に意識しました。

1つ目は、「**スモールステップで一歩ずつ先に進める**」ということです。基本となる「線形回帰」から出発してディープラーニングに至るまでのいくつかの機械学習モデルは、生物の進化の系統図のような関係にあります。進化の順にモデルを並べて、モデル間でどこに違いがあるかを洗い出してみると、モデルを1つ進化させるのに必要な新しい概念の数は非常に少なくなることがわかりました。個々のモデルと必要な概念の関係も、本書の綴じ込みページにまとめていますので、見ていただければわかると思います。

一歩先の新しいモデルになるたびに、章も新しくして、その章で新たに出てきた概念に集中して詳しい解説を加えるということで「**一歩ずつ着実にディープラーニングに近づいていく**」というアプローチが可能になりました。例えば、ディープラーニングは10章で解説しますが、その前の9章（多値ロジスティック回帰）に加えて出てくる新しい話は実はほとんどありません。少しずつ理解を深めながらディープラーニングにたどり着けるのです。

実践編で2つ目に配慮したのは、「**PythonコードのJupyter Notebook化**」です。筆者はPythonに限らずコンピュータ・プログラムというのは、自分の理解したことを確認するための道具だと思っています。そこで、本書ではできる限り読者にPythonコードを実行して確認しながら読み進めてもらうため、プログラムの作成と実行、実行結果の確認を同時に進められるツールであるJupyter Notebook対応としました。

巻末の付録では、Jupyter Notebookの導入手順も記載しました。読者はぜひ章ごとのNotebookを読み込み、Pythonの動きを確認しながら本書を読み進めてください。Jupyter Notebookなので、いっぺんにすべてのコードを流すのではなく、セルごとに実行させて、必要に応じて変数の中身を確認したり、あるいはパラメータの値を変えて再度セルを実行したりすることが可能です。こう

いう確かめ方を繰り返すと、コードに対する理解もより深まります。

Pythonに関しては、アルゴリズムの前提となる数式との対応づけも意識しました。Pythonの言語の特徴として[4]、行列やベクトルが1つの変数でまとめて表現でき、行列・ベクトル間のかけ算も簡単に表現できるということがあります。本書ではその特徴を極力生かして、特に予測・学習に関するアルゴリズムの根幹にかかわる数式はループ処理を一切使わず、数式とPythonのプログラムの式が一対一に対応するようにしました。こうすることでアルゴリズムの実装イメージをより持ちやすくできたかと考えています。

Pythonの実習に関しては、もう1つちょっとした工夫をしました。それはところどころで失敗するのがわかった上で、わざとそのコードを流すような進め方にした点です。ここで出てくるトラブルは読者が自分で機械学習のコーディングで進める上で実際に出てきそうなことばかりです。トラブルがなぜ起きたのか、それに対してどうすればいいのかを身をもって経験することで、より理解を深めてもらえばと思います。

本書を締めくくる「発展編」では、本編で説明しきれなかった、ディープラーニングにおける重要な手法・概念をまとめて紹介しました。かなり高度な内容をコンパクトに紹介しているのですが、実践編まで読み終えられた読者は、その記述内容がすらすらと頭に入ってくることに驚くと思います。これが**ものごとを基礎から理解することの強み**だと筆者は考えています。

それでは、いざ、数学とPythonを道しるべに、ディープラーニングへの登山に出発してください。山頂までたどり着いたとき、今まで見たことのない景色が開けていると思います。

2019年3月

赤石 雅典

---

[4] 正確にいうと「Pythonで標準的に使われるライブラリであるNumPyの特徴として」ということになります。

CONTENTS

まえがき ………………………………………………………… 3

導入編

1章 機械学習入門 ……………………………… 17

- 1.1 人工知能（AI）と機械学習 …………………………… 18
- 1.2 機械学習とは ……………………………………………… 19
  - 1.2.1 機械学習モデルとは ………………………………… 19
  - 1.2.2 学習の方法 …………………………………………… 20
  - 1.2.3 教師あり学習と回帰、分類 ………………………… 21
  - 1.2.4 学習フェーズと予測フェーズ ……………………… 22
  - 1.2.5 損失関数と勾配降下法 ……………………………… 22
- 1.3 はじめての機械学習モデル ……………………………… 24
- 1.4 本書で取り扱う機械学習モデル ………………………… 31
- 1.5 機械学習・ディープラーニングにおける数学の必要性 … 34
- 1.6 本書の構成 ………………………………………………… 35

理論編

2章 微分・積分 ……………………………… 43

- 2.1 関数 ………………………………………………………… 44
  - 2.1.1 関数とは ……………………………………………… 44
  - 2.1.2 関数のグラフ ………………………………………… 45
- 2.2 合成関数・逆関数 ………………………………………… 46
  - 2.2.1 合成関数 ……………………………………………… 47
  - コラム 合成関数の表記法 …………………………………… 48
  - 2.2.2 逆関数 ………………………………………………… 49

2.3	微分と極限		51
	2.3.1	微分の定義	51
	2.3.2	微分と関数値の近似表現	55
	2.3.3	接線の方程式	56
	コラム	接線の方程式の問題と学習フェーズ・予測フェーズ	57
2.4	極大・極小		59
2.5	多項式の微分		60
	2.5.1	x^n の微分	61
	2.5.2	微分計算の線形性と多項式の微分	61
	2.5.3	x^r の微分	63
	コラム	C (Combination) と二項定理	64
2.6	積の微分		65
2.7	合成関数の微分		66
	2.7.1	合成関数の微分	67
	2.7.2	逆関数の微分	68
2.8	商の微分		70
2.9	積分		71
	コラム	積分記号の意味	75

3章 ベクトル・行列 ……… 77

3.1	ベクトル入門		78
	3.1.1	ベクトルとは	78
	3.1.2	ベクトルの表記方法	79
	3.1.3	ベクトルの成分表示	80
	3.1.4	多次元への拡張	80
	3.1.5	ベクトルの成分表示の表記法	81
3.2	和・差・スカラー倍		82
	3.2.1	ベクトルの和	82
	3.2.2	ベクトルの差	83
	3.2.3	ベクトルのスカラー倍	85
3.3	長さ（絶対値）・距離		86

	3.3.1		ベクトルの長さ（絶対値） ………………………………	86
	3.3.2		Σ記号の意味 …………………………………………	88
	3.3.3		ベクトル間の距離 ……………………………………	89
3.4	三角関数 ……………………………………………………			90
	3.4.1		三角比 ………………………………………………	90
	3.4.2		三角関数 ……………………………………………	91
	3.4.3		三角関数のグラフ …………………………………	92
	3.4.4		直角三角形の辺を三角関数で表す ………………………	93
3.5	内積 …………………………………………………………			93
	3.5.1		絶対値による内積の定義 ………………………………	93
	3.5.2		成分表示形式での内積の公式 ……………………………	95
3.6	コサイン類似度 ………………………………………………			98
	3.6.1		2次元ベクトル間のなす角度 ……………………………	98
	3.6.2		コサイン類似度 ……………………………………	99
	コラム		コサイン類似度の応用例 ………………………………	99
3.7	行列と行列演算 ………………………………………………			100
	3.7.1		1出力ノードの内積表現 ………………………………	101
	3.7.2		3出力ノードの行列積表現 ……………………………	101

4章 多変数関数の微分 …………………………………………… 105

4.1	多変数関数 ………………………………………………………	106
4.2	偏微分 ……………………………………………………………	108
4.3	全微分 ……………………………………………………………	111
4.4	全微分と合成関数 ………………………………………………	113
4.5	勾配降下法 ………………………………………………………	117
	コラム　勾配降下法と局所最適解 ……………………………	126

5章 指数関数・対数関数 ………………………………………… 127

5.1	指数関数 ……………………………………………………………	128
	5.1.1　累乗の定義と法則 …………………………………………	128

	5.1.2	累乗の拡張 ………………………………………	129
	5.1.3	関数への拡張 ………………………………………	131
5.2	対数関数 ………………………………………………………		134
	コラム	対数関数の持つ意味 ………………………………	139
5.3	対数関数の微分 ………………………………………………		141
	コラム	ネイピア数を Python で確認する ………………	143
5.4	指数関数の微分 ………………………………………………		145
	コラム	ネイピア数(e)を底とする指数関数の表記法 ………	146
5.5	シグモイド関数 ………………………………………………		147
5.6	softmax 関数 …………………………………………………		150
	コラム	シグモイド関数とsoftmax関数の関係 ……………	153

6章 確率・統計 …………………………………… 155

6.1	確率変数と確率分布 …………………………………………	156
6.2	確率密度関数と確率分布関数 ………………………………	160
	コラム　正規分布関数とシグモイド関数 ……………………	164
6.3	尤度関数と最尤推定 …………………………………………	165
	コラム　なぜ尤度関数の極値は極小値ではなく極大値をとるのか …	168

実践編

7章 線形回帰モデル（回帰） ………………………… 171

7.1	損失関数の偏微分と勾配降下法 ……………………………	172
7.2	例題の問題設定 ………………………………………………	173
7.3	学習データの表記法 …………………………………………	175
7.4	勾配降下法の考え方 …………………………………………	176
7.5	予測モデルの作成 ……………………………………………	177
7.6	損失関数の作成 ………………………………………………	179
7.7	損失関数の微分計算 …………………………………………	180

7.8	勾配降下法の適用	182
7.9	プログラム実装	185
	コラム　NumPyを使ったコーディングテクニック	191
7.10	重回帰モデルへの拡張	196
	コラム　学習率・繰り返し回数の調整方法	202

8章 ロジスティック回帰モデル（2値分類）……………203

8.1	例題の問題設定	204
8.2	回帰モデルと分類モデルの違い	206
8.3	予測モデルの検討	207
	コラム　予測値を確率化する裏の意味	212
8.4	損失関数（交差エントロピー関数）	213
8.5	損失関数の微分計算	218
8.6	勾配降下法の適用	220
8.7	プログラム実装	222
	コラム　scikit-learnライブラリとの比較	232
	コラム　サッカー好きの王様たちの悩みと交差エントロピー	233

9章 ロジスティック回帰モデル（多値分類）……………237

9.1	例題の問題設定	239
9.2	モデルの基礎概念	241
9.3	重み行列	242
9.4	softmax関数	244
9.5	損失関数	245
9.6	損失関数の微分計算	246
9.7	勾配降下法の適用	251
9.8	プログラム実装	253
	コラム　NumPy行列に対する集計関数の操作	256

10章 ディープラーニングモデル …………………………… 267

10.1	例題の問題設定 …………………………………………………	269
10.2	モデルの構成と予測関数 ………………………………………	270
10.3	損失関数 …………………………………………………………	273
10.4	損失関数の微分計算 ……………………………………………	274
10.5	誤差逆伝播 ………………………………………………………	278
10.6	勾配降下法の適用 ………………………………………………	283
10.7	プログラム実装（その1） ……………………………………	286
10.8	プログラム実装（その2） ……………………………………	295
10.9	プログラム実装（その3） ……………………………………	297
10.10	プログラム実装（その4） ……………………………………	300

発展編

11章 実用的なディープラーニングを目指して ………… 307

11.1	フレームワークの利用 …………………………………………	308
11.2	CNN ………………………………………………………………	312
11.3	RNNとLSTM ……………………………………………………	315
11.4	数値微分 …………………………………………………………	316
11.5	高度な学習法 ……………………………………………………	318
11.6	過学習対策 ………………………………………………………	321
11.7	学習の単位 ………………………………………………………	326
11.8	重み行列の初期化 ………………………………………………	327
11.9	次の頂上に向けて ………………………………………………	328

付録　Jupyter Notebookの導入方法（Windows、Mac）……………………… 329
索引　………………………………………………………………………………… 341

導入編

1章 機械学習入門

Chapter 1

機械学習入門

| 1章 機械学習入門 ▶ ▶ ▶ | 必須 損失関数 |

Chapter 1 機械学習入門

本書の目標は「数学を通じて機械学習・深層学習(ディープラーニング)を理解する」ことです。

本章では「そもそも機械学習・ディープラーニングとはどういうものなのか」ということと、「なぜ機械学習・ディープラーニングで数学が必要なのか」を高校1年レベルの数学を使って、わかりやすい例を通じて説明していきます。

1.1 人工知能(AI)と機械学習

人工知能(AI)と機械学習――。どちらもよく聞く言葉ですが、それぞれの定義について聞かれて、さっと答えられるでしょうか。

人工知能に関しては、一般的に明確で厳密な定義はまだないというのが筆者の認識です。「人工知能とは何か」という問いに対して、1950年に「チューリング・テスト[1]」を考案したアラン・チューリングの時代から様々な議論があります。実装方式としても「ルールベースシステム[2]」と呼ばれる、知識データベースから演繹により回答を見つける方式も含まれています。人工知能という言葉が指し示す範囲は極めて広いといわざるを得ません。

これに対して機械学習はその指し示す内容、振る舞いが明確で、ある程度厳密な定義が可能です。また、本書で取り扱う内容はすべて「機械学習」の概念に含まれるものです。

そこで本書では、これ以降「人工知能」という言葉は原則として使わず、「機械学習」と表現することにします。なお「ディープラーニング」は、特定の特徴を持つ「機械学習」の名称と考えられます。具体的にどのような特徴なのか

---

[1] 隔離した部屋にあるコンピュータのシステムと人間が会話して、会話の相手がコンピュータか人間かどうか判別できなければ、そのシステムは「人工知能である」と定義しました。
[2] ルールベースシステムの中で歴史的に最も有名なのは1970年代に開発されたMYCINというシステムです。これは500程度のルールからなる知識ベースを用いて患者の血液疾患を判定し、抗生物質を処方するシステムです。診断の正確さは65%程度で、専門医でない一般の医者の診断より精度が高いといわれています。

については、本章の後半で説明します。

1.2　機械学習とは

　では、「機械学習」とはどのようなものなのでしょうか？　機械学習が指し示すものは明確なのですが、説明の仕方は人によってまちまちな点があります。認識にずれのないよう、以下に筆者の考えによる機械学習の定義を簡単に説明します。

1.2.1　機械学習モデルとは

　本書では、機械学習モデルを次の2つの原則を満たすシステムであると定義します。

原則1：機械学習モデルとは入力データに対して出力データを返す関数のような働きを持ったモデルである。
原則2：機械学習モデルの振る舞いは、学習により規定される。

　具体例で説明します。

表1-1　2種類のアヤメの花びらの大きさ

class	length(cm)	width(cm)
0	1.4	0.2
1	4.7	1.4
0	1.3	0.2
1	4.9	1.5
0	1.4	0.2
1	4.9	1.5

　表1-1を見てください。これはIris Data Setという、アヤメの花びらの大きさを題材にした、機械学習でよく利用される公開データセットの中から、特定

の行、列を抽出したものです。class は、その花がどの種類に属しているかを示しています。length は花弁の長さを、width は花弁の幅を表します。

ここで、length と width の値を入力データとして、分類クラス名 class を出力とするようなモデルを作ることを考えます。対象を表 1-1 の 6 つのデータだけとするなら、人間がこのデータを観察して

```
if width > 1
then class = 1
else class = 0
```

みたいなロジックを実装すれば、正しい振る舞いをするブラックボックスを作れそうです。

しかし、このように判断の基準を決めるにあたって人間が介在した場合は機械学習とはいいません。「機械学習モデルである」と言うためには、人間はモデルにデータを与えるだけにとどめ、上のプログラムで実装されているような**条件判断の基準はモデルが自分で見つけ出す必要がある**のです。これが先ほどの原則2の「**学習により規定される**」という条件の意味になります。

1.2.2　学習の方法

機械学習モデルに必須の学習ですが、具体的な方法として3つあります。

教師あり学習

学習データが、**モデルに対する入力データ**とその時の**あるべき出力である正解データ**（教師データともいいます）のセットになっている学習法です。

教師なし学習

正解データなしに、学習データのみが与えられ、そこからなんらかの出力を得る学習法です。対象データのみの情報からデータのグループ分けを自動的に行うクラスタリングが教師なし学習の代表的なものです。

強化学習

　教師あり学習と教師なし学習の中間の学習法です。システムは観測値を入力として「方策」と呼ばれる行動方針を出力とし、外部にはたらきかけます。出力する段階で正解はわからないのですが、しばらく経過した後で報酬という形でそれが正解かどうかがわかります。

　この3つの学習法のうち教師あり学習が、仕組みが最も単純でわかりやすいモデルとなります。本書では、教師あり学習のみを取りあげます。

1.2.3　教師あり学習と回帰、分類

　教師あり学習のモデルの出力値には、例えば店の1日の売り上げ予測のような**数値**を出力とするモデルと、写真に写っている動物の種類のような**離散値**（「クラス」あるいは「ラベル」とも呼びます）を出力とするモデルがあります。前者を**回帰モデル**、後者を**分類モデル**と呼んで区別します。本書では、回帰モデルと分類モデルの両方を取りあげます。

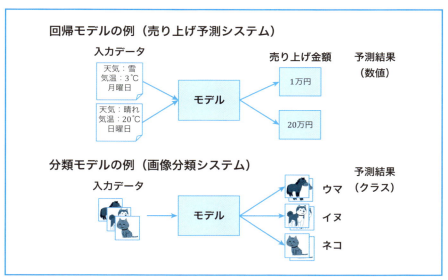

図 1-1　回帰モデルと分類モデル

1.2.4 学習フェーズと予測フェーズ

教師あり学習は、学習フェーズと予測フェーズの2つからなります。

学習フェーズとは図1-2のように入力データと正解データ（教師データ）からなる学習データが与えられていて、それを基にできるだけ精緻な（予測結果が正解データに近い）モデルを作るフェーズです。

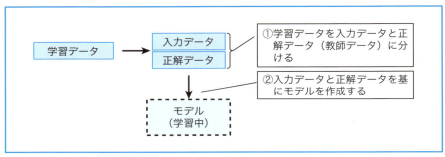

図1-2　学習フェーズ

予測フェーズでは、正解データはわからず入力データだけが存在します（図1-3）。機械学習モデルは入力データから正解データはなんであるかを予測し、システムの出力とします。

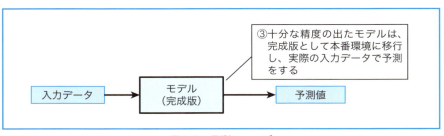

図1-3　予測フェーズ

1.2.5 損失関数と勾配降下法

ここまでで説明した機械学習モデルの定義は、その内部実装には一切触れておらず、いわばブラックボックスとしての機械学習モデルの外部的な振る舞い

に関するものでした。ここで定義した機能を実現する方法には様々なものがあります。例えば**決定木**と呼ばれる分類モデルは、データを観察してif then elseのルールを自動的に作り出すという、人間の考えに近い仕組みのモデルとなっています。

しかし、本書でこれから取りあげるモデルでは、全く別のアプローチをします。ある構造とパラメータを持った数値計算をする関数を用意し、これを機械学習モデルそのものとします。そして、この関数の持つパラメータ値をうまく調整することで、目的とするような値を出力するモデル（つまり、関数）を作るというアプローチです。

この様子を図1-4に示しました。

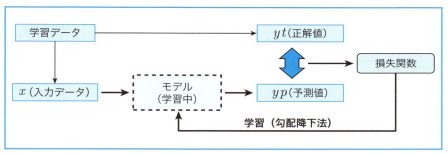

図1-4　損失関数を利用した学習アプローチ

「**損失関数**」は、**モデルの予測値と正解値（正解データ）がどの程度近いかを示す指標**となる関数です。すべての学習データに対して$yp = yt$（予測値＝正解値）の場合、値はゼロとなり、2つの値の差が大きいほど、関数の値も大きくなるような性質を持っています。

「**勾配降下法**」は、**損失関数を最小とするような最適なモデルのパラメータを見つけるためのアルゴリズムの名前**です。

簡単にいうと本書は本1冊をかけて、この「損失関数」と「勾配降下法」の考え方を理解するためのものです。今、上記の説明を読んだだけでは何をいっているのかわからない点もあるかもしれませんが、それはおいおいわかってきます。今はこの2つの言葉と図1-4のイメージだけを頭に入れるようにしてください。

1.3 はじめての機械学習モデル

前節で説明した「損失関数」のイメージをより具体的に持つため、簡単な例題をここで扱ってみましょう。解を導き出すのに少し時間がかかりますが、「偏微分」など、本書で解説していく高度な数学は全く使いません。2次関数など高校1年レベルの数学をおさらいしながら解説していきます。一通り読めば、「数学を使って機械学習モデルを解く」というイメージがつかめるので、ぜひ解を導くところまで読み進めてください。

題材として「単回帰」と呼ばれる、1つの実数値の入力(x)から1つの実数値(y)を予測するモデルを取りあげます。具体的な処理内容としては、成年男子の身長x(cm)を入力値に、体重y(kg)を出力値とするようなモデルを考えることにします。モデルの内部構造は「線形回帰」と呼ばれるもので考えます。

線形回帰とは1次関数で予測するモデルのことで、入力データをx、出力データをyで表すとき、線形回帰の予測式は次のような形になります[3]。

$$y = w_0 + w_1 x \tag{1.3.1}$$

最初に対象となるデータが表1-2の3つである場合で考えてみましょう。

表1-2 学習データ1

身長 x(cm)	体重 y(kg)
167	62
170	65
172	67

実は、このデータはすぐに答えが出るように細工がしてあるので、下のように(1.3.1)にあたる式を簡単に出せます。

$$y = x - 105$$

では、次の表1-3の5つが対象データの場合はどうでしょうか？

---

[3] 通常、1次関数は、$y = ax + b$ の形で表しますが、機械学習ではこの a, b のことを「重み」と呼び、文字も weight の略で w_0, w_1 で表すことが多いので、本書でもその慣習にならいます。

表 1-3　学習データ 2

身長 x (cm)	体重 y (kg)
166	58.7
176	75.7
171	62.1
173	70.4
169	60.1

このように対象となるデータが一般的になると、多少標本数が増えただけで、どういう形で予測の式を作ったらよいかわからなくなってしまいます。ここで数学の考え方が必要になってくるのです。

まず、表 1-3 のデータ系列を散布図で表示してみます（図 1-5）。

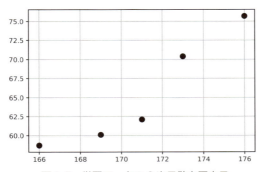

図 1-5　学習データの 2 次元散布図表示

次の図 1-6 では、散布図にパラメータ値を固定したときのモデルの予測値[4]をプロットした直線も追記しています。

---

[4] まだ予測値の求め方については論じていませんので、ここでのパラメータの値と予測値は仮決めのもので構いません。

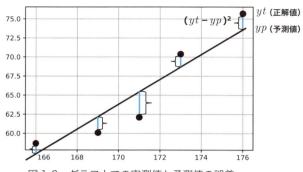

図1-6 グラフ上での実測値と予測値の誤差

yt を正解値、yp をモデルによる予測値[5]とすると、回帰モデルでの誤差は、$(yt - yp)$ であり、図1-6では青い直線の部分にあたります。ただし、誤差をそのまま使うと、マイナスの値をとることもあり、複数の点での誤差を考えるのが難しくなります。そこで、**標本点ごとに正解値 yt と予測値 yp の差の2乗を計算し、すべての標本点での合計を損失関数として評価する**考え方が生まれました[6]。

この考えが「**残差平方和**」と呼ばれ、線形回帰モデルでの標準的な損失関数の考え方になっています。

今定義した損失関数がどういう形の式になるのか、実際に計算してみましょう。予測値を yp で表すと(1.3.1)の予測値の式から

$$yp = w_0 + w_1 x$$

となります。

5つある標本点の座標値を、$(x^{(i)}, y^{(i)})$ のように肩の数字で区別して表記すると、損失関数 $L(w_0, w_1)$ の式は次のようになります。

$$\begin{aligned}L(w_0, w_1) &= (yp^{(1)} - yt^{(1)})^2 + (yp^{(2)} - yt^{(2)})^2 + \cdots + (yp^{(5)} - yt^{(5)})^2 \\ &= (w_0 + w_1 x^{(1)} - yt^{(1)})^2 + (w_0 + w_1 x^{(2)} - yt^{(2)})^2 + \cdots \\ &\quad + (w_0 + w_1 x^{(5)} - yt^{(5)})^2\end{aligned}$$

---

[5] 予測値の表記法にはいろいろな流儀がありますが、本書では「目的変数 y の予測値 (predict)」の意味を持たせて「yp」で表記することとします。正解値「yt」の t は「true」を表しています。
[6] マイナス値の問題を解決するもう1つの方法は誤差の絶対値をとることですが、こうすると微分計算がややこしくなってしまうため実際には使われていません。

上の式を展開して、w_0, w_1 について整理すると次のような式になります。

$$L(w_0, w_1) = 5w_0^2 + 2(x^{(1)} + x^{(2)} + \cdots + x^{(5)})w_0 w_1$$
$$+ (x^{(1)2} + x^{(2)2} + \cdots + x^{(5)2})w_1^2 - 2(yt^{(1)} + yt^{(2)} + \cdots + yt^{(5)})w_0$$
$$- 2(x^{(1)}yt^{(1)} + x^{(2)}yt^{(2)} + \cdots + x^{(5)}yt^{(5)})w_1$$
$$+ yt^{(1)2} + yt^{(2)2} + \cdots + yt^{(5)2} \qquad (1.3.2)$$

(1.3.2) の式は、w_0 と w_1 に関する 2 次式になっています。この式のうち、$w_0 w_1$ と w_0 の係数はそれぞれ入力データの x 座標と y 座標の値を足しただけの式になっているので、座標値の平均を原点とするような新しい座標系で考えると値を 0 にできます。

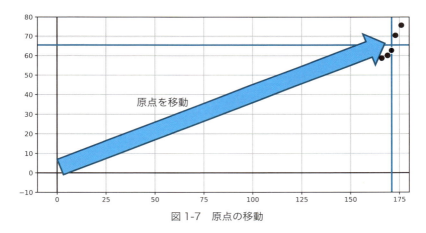

図 1-7　原点の移動

これを実際に計算してみましょう。x 座標の平均値は 171.0、y 座標の平均値は 65.4 なので、それぞれを引いた値を X, Y として新しい学習データの表を作ります。

表 1-4　学習データ 3

X	Y
-5	-6.7
5	10.3
0	-3.3
2	5.0
-2	-5.3

新しい座標系で散布図を作ると次のようになります。

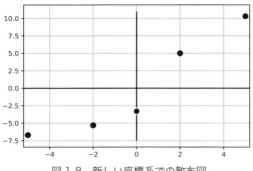

図 1-8　新しい座標系での散布図

新しい座標系に関する重みを W_0, W_1 とすると、予測式は次の形になります。

$$Yp = W_0 + W_1 X \tag{1.3.3}$$

新しい座標系の(1.3.3)式に対して、表 1-4 の X, Y の値を代入し、具体的な損失関数を計算すると以下の式になります[7]。

$$L(W_0, W_1) = 5W_0^2 + 58W_1^2 - 211.2W_1 + 214.96 \tag{1.3.4}$$

W_0 が関係している項は $5W_0^2$ だけになりました。この部分は $W_0 = 0$ のときに最小値 0 をとることは明らかです。残りの $58W_1^2 - 211.2W_1 + 214.96$ を最小にする W_1 の値は 2 次関数の平方完成の方法で求まります。

$$\begin{aligned}
L(0, W_1) &= 58W_1^2 - 211.2W_1 + 214.96 = 58\left(W_1^2 - \frac{2 \cdot 52.8}{29}W_1\right) + 214.96 \\
&= 58\left(W_1 - \frac{52.8}{29}\right)^2 + 214.96 - \frac{2 \cdot 52.8^2}{29} \\
&= 58(W_1 - 1.82068\cdots)^2 + 22.6951\cdots
\end{aligned}$$

よって、$W_1 = 1.82068\cdots$ のときに最小値 $22.6951\cdots$ の値をとることがわかります。念のため 2 次関数のグラフを描画してみると図 1-9 のようになります。

---

[7] 具体的には(1.3.2)にあたる式を、x, yt の代わりに新しい座標系 X, Yt で計算します。

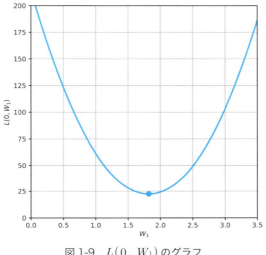

図 1-9　$L(0, W_1)$ のグラフ

結論として、新しい座標系で表現した損失関数(1.3.4)を最小にするのは

$$(W_0, W_1) = (0, 1.82068\cdots) \qquad (1.3.5)$$

のときということができます。

最適な予測関数と、回帰直線のグラフ表示

前節で説明した「**学習フェーズ**」「**予測フェーズ**」との対応でいうと、ここまでの計算が最適な W_0, W_1 を求めるための「学習フェーズ」に該当します。そして、ここから先が「予測フェーズ」です。

先ほどの(1.3.5)で得られたパラメータの値を元の式(1.3.3)に代入すると次の式が得られます。

$$Y = 1.82068 X \qquad (1.3.6)$$

これが今回の計算の結果得られた、**回帰モデルの予測式**となります。この直線の式を元の散布図に重ね書きした結果を図 1-10 に示します。

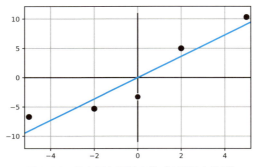

図 1-10 散布図と回帰直線（座標系変換後）

　5つの点の直線近似として適切であることが見てとれます。最後に、座標系を元に戻してオリジナルの問題に対する回帰モデルの予測式を作ってみましょう。

$$x = 171 + X$$
$$y = 65.4 + Y$$

でしたので

$$X = x - 171 \tag{1.3.7}$$
$$Y = y - 65.4 \tag{1.3.8}$$

(1.3.7)と(1.3.8)を(1.3.6)に代入することで次の式が得られます。

$$y = 1.82068x - 245.936$$

　このグラフも、元の散布図に重ね書きしてみます。

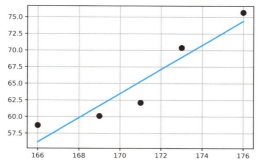

図1-11　元の座標系での散布図と予測式のグラフ

　今度も適切な近似直線になりました。機械学習モデルの中では最も簡単な**線形単回帰**と呼ばれるモデルではありますが、高校1年レベルの数学のみを使ってモデルが解けたことになります。

1.4　本書で取り扱う機械学習モデル

　前節で取りあげたのは数値を予測するタイプのモデルである「回帰」型でしたが、本書の最終目的であるディープラーニングモデルでは、離散値を予測するタイプである「分類」型の利用例の方が多くなります。それでも、ここでまず「回帰」型を紹介したのは、その方が数学的にやさしく、それを理解することで「分類」型も理解しやすくなるためです。

　分類機能を実現するモデルの種類には様々なものがあり、その中でも代表的なモデルをまとめると表1-5のようになります。

表1-5　代表的な分類モデル

モデル名	概要
ロジスティック回帰	線形回帰式をシグモイド関数にかけて確率値と解釈
ニューラルネットワーク	ロジスティック回帰の仕組みに隠れ層ノードを追加
サポートベクターマシン	2クラスの標本値と境界線の距離を基準に最適化
単純ベイズ	ベイズの公式を用いて観測値から確率を更新
決定木	特定の項目の閾値を基準に分類
ランダムフォレスト	複数の決定木の多数決で分類を実施

本書では、これらの分類モデルから、特に「**ロジスティック回帰モデル**」「**ニューラルネットワークモデル**」を取りあげます。それは、この2つのモデルには共通の特徴があり、また本書の最終的な目標である「**ディープラーニングモデル**」はこの2つのモデルの発展形と考えられるからです。

　「ロジスティック回帰モデル」「ニューラルネットワークモデル」「ディープラーニングモデル」に共通の特徴を整理すると、次の(A)から(E)になります。

(A) 予測モデルの構造は事前に決まっていて、パラメータ値にだけ自由度がある。
(B) モデルの構造は次のようなものになる。
　(1) 個々の入力値にパラメータ値（「**重み**」と呼ぶ）をかける。
　(2) かけた結果の和をとる。
　(3) (2)の結果にある関数（「**活性化関数**」と呼ぶ）を作用させ、その関数の出力を最終的な予測値(yp)とする。
(C) パラメータ値（重み）の最適化が学習となる。
(D) モデルが正解値をどの程度正しく予測できるかを評価するため「**損失関数**」を定める。
(E) 損失関数から適正なパラメータ値を見つけるため「**勾配降下法**」という手法を用いる。

図1-12に(B)の構造を示しました。

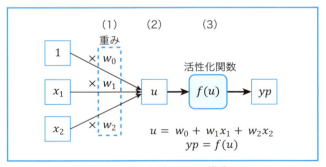

図1-12　予測モデルの構造

ロジスティック回帰とは、上の(B)の構造を1階層持っているモデルです。ニューラルネットワークモデルでは、「隠れ層」と呼ばれる中間のノードが増えてこの構造が2階層になります（図 1-13）。

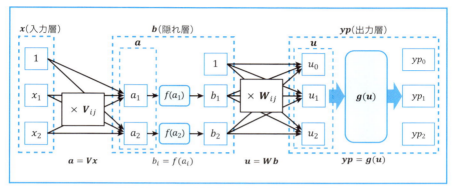

図 1-13　ニューラルネットワークモデルの構造

　また、同じ構造を3階層以上（隠れ層としては2階層以上）持つモデルが一般的にはディープラーニングモデルと呼ばれています。これら3つのモデルは層の数の違いはあるものの、基本的に同じ方式で予測、学習するモデルということができます[8]。

　実は前節で紹介した「線形回帰」と呼ばれるモデルは、「分類」ではなく「回帰」モデルではあるのですが、今紹介した分類モデルのグループに非常に似ています。先ほど説明した共通の特徴のうち(B)-(3)の活性化関数こそないものの、それ以外は(A)から(D)の条件をすべて満たしています（図 1-14[9]）。

---

[8]「ニューラルネットワーク」とはその名の通り、脳の神経細胞（ニューロン）の生物学的な仕組みを基に考えられた数学的モデルです。「層」と呼ばれる構造を神経細胞と対応付けると、「入力層」「出力層」の間に細胞間結合を1段階だけ持つモデルが「ロジスティック回帰」、「入力層」「隠れ層」「出力層」の各層間に2段階の細胞間結合を持つモデルが「ニューラルネットワーク」、そして「隠れ層」が2段階以上になり、細胞間結合が3段階以上の複雑な構造を持つモデルが「ディープラーニング」といえます。
[9] (E)に関しては、これを使って解くこともできるのですが、より数学的に難しい話になってしまうので、前節ではあえて高校数学の範囲内で解くため、平方完成の方法を使用しました。

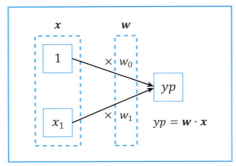

図 1-14　線形回帰モデルの構造

　つまり、予測式の構造だけからいうと、線形回帰モデルはロジスティック回帰に始まる一連の分類モデルの一歩手前のモデルということも可能です。

　そこで本書後半の「実践編」では、最初に「線形回帰モデル」を取りあげ、そこから分類モデルの「ロジスティック回帰モデル」「ニューラルネットワークモデル」、さらにその拡張として「ディープラーニングモデル」と、機械学習モデルの進化の跡をたどっていくような形で解説していくことにします。

1.5　機械学習・ディープラーニングにおける数学の必要性

　本書の「実践編」で中心的に取りあげることになる分類モデルでも、損失関数を手がかりに最適なパラメータ値を求めるという、1.3 節で説明した回帰モデルの基本的な考え方はそのまま使えます。

　しかし、1.3 節のモデルでは 1 次関数や 2 次関数だった、予測関数や損失関数に次のような数式が出てきて、問題を解く難易度ははるかに高くなります。

シグモイド関数：

$$f(u) = \frac{1}{1 + \exp(-u)}$$

($\exp(x)$ はネイピア数を底とする指数関数)

予測関数：

$$u(x_1, x_2) = w_0 + w_1 x_1 + w_2 x_2$$
$$yp = f(u)$$

損失関数：

$$L(w_0, w_1, w_2) = -\frac{1}{M} \sum_{m=0}^{M-1} (yt^{(m)} \log f(u^{(m)}) + (1 - yt^{(m)}) \log(1 - f(u^{(m)})))$$

（$\log x$ はネイピア数を底とする対数関数）

そのため、「**ネイピア数とは何か**」をはじめとして、**指数関数**や**対数関数**がどのようなもので、それらの**微分**の計算結果がどうなるかなど、最低でも高校3年レベルの数学知識がないと歯が立たないのです。

さらに「分類」と比較すると簡単に実装可能な線形回帰モデルでも、身長だけでなく胸囲も使ってより精緻に体重を予測する**重回帰モデル**を作る場合であれば、1.3節で説明した「座標系の平行移動→2次関数の平方完成」という高校1年レベルの範囲での解き方では対応できません。最低でも「**偏微分**」と呼ばれる**多変数関数**の微分の概念が必要になります。

いずれにしても、線形回帰やロジスティック回帰といった系統の機械学習モデルの中の仕組みを理解しようと思ったら、最低限の数学の理解は必須になります。いわんや、これらの機械学習モデルの発展形としてできたディープラーニングモデルを理解したければ、数学はなおさら必要になります。

1.6 本書の構成

前節で述べたような数学の必要性の課題を受けて、本書ではディープラーニングモデルを最短コースで理解できるように、最低限必要な数学の概念をピックアップした説明を前半の「理論編」で行っています。そして後半の「実践編」では、理論編で解説した数学を使って、一歩ずつ、しかし効率よく機械学習・ディープラーニングのエッセンスを学んでいきます。

それぞれのパートのより詳細な構成は次のようになっています。**本書の構成は巻頭の特製綴じ込みページにもまとめています**ので、本書の途中でつまずいたときには随時見返してください。

理論編

前半の「理論編」では数学の理論を体系立てて説明していきます。数学のやり直しといっても、ディープラーニングで必要な数学の概念・公式は大学の教養課程レベルの話が一部含まれます。高校1年レベルの数学を出発点にすべてを網羅しようとすると相当な分量となってしまいます。そこで本書では、機械学習とディープラーニングで必要な概念を洗い出し、そこから最低限何がわかっていれば理解できるところまでたどり着けるかを分析し体系立てました。

そのため、一般的な教科書には書かれているのに抜けている内容がいくつかあります（例えば三角関数の微分や、逆行列、固有値、固有ベクトルなど）。こうした点は、本書の目的に沿った形であえて落としているので、そのようにご理解ください。

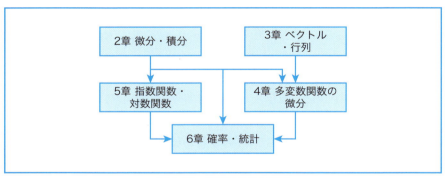

図1-15　理論編の全体構成

図1-15が理論編全体の概念間の関係です。2章の微分・積分と3章のベクトル・行列は互いに独立していますが、4章以降はそれぞれに依存関係があります。

図1-16以降には、各章の内部の概念間の関係を示します。「必須」のマークが付いた箱は後半の実践編で直接使う、ディープラーニングの実現に必須の概念です。さらに、グレーの箱も非常に重要な概念なので、よく理解するようにしてください。基礎的な部分がほぼわかっている読者は、重要な部分のみ読ん

で、わからない部分があった場合は、この図に従ってわからない部分を遡って理解する方法もあるかと思います。

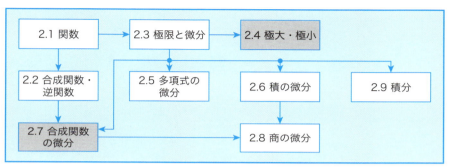

図1-16　2章の概念間の関係

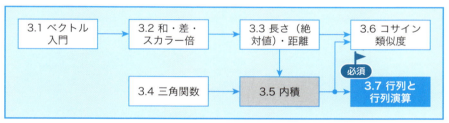

図1-17　3章の概念間の関係

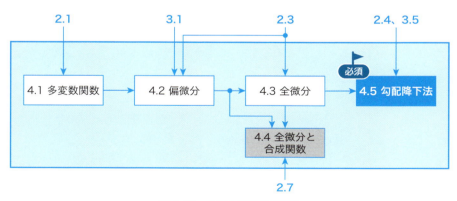

図1-18　4章の概念間の関係

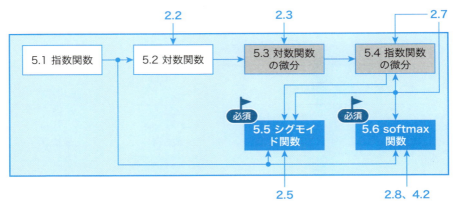

図1-19　5章の概念間の関係

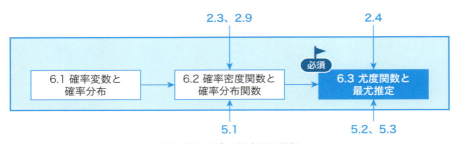

図1-20　6章の概念間の関係

実践編

　後半の「実践編」では、章ごとに例題を決めて、そのテーマに沿って機械学習のアルゴリズムと実装コードを学んでいきます。テーマは、後ろの章になるほど難しい内容を含んでいます。

　「理論編」で解説する「必須」の概念との対応をまとめると、表1-6のようになります。10章では念願のディープラーニングにたどり着くことになります。この表を見るとわかるように、9章の多値分類と10章のディープラーニングでは、技術要素としての違いはほとんどありません。一歩一歩着実に進んでいくと、いつの間にか「ディープラーニング」という山頂までたどり着くことができますので、そのつもりで読み進めていってください。

表1-6 必須の数学概念と機械学習・ディープラーニングの関係

ディープラーニングの 実現に必須の概念	1章 回帰1	7章 回帰2	8章 2値 分類	9章 多値 分類	10章 ディープ ラーニング
1 損失関数	○	○	○	○	○
3.7 行列と行列演算				○	○
4.5 勾配降下法		○	○	○	○
5.5 シグモイド関数			○		○
5.6 softmax関数				○	○
6.3 尤度関数と最尤推定			○	○	○
10 誤差逆伝播					○

　後半の実践編では、「理解しやすく完全に動くコード」という点にもこだわりました。そのため、各章の最後の節には必ずソースコード付きの実装の解説を入れています。

　実装のロジックは、NumPy[10]の特徴を最大限活かして、「ループのないプログラム」を目指しています。実際にコードを起こしてみると、各アルゴリズムの肝の部分が読みやすく、アルゴリズムとコード実装の対応がわかりやすくなりました。この実装を行うために必要なNumPyのテクニックに関しては、必要な箇所で都度解説しました。

　次章からいよいよ「理論編」が始まります。出発点は高校1年レベルの数学に設定していますので、時間をかけて丁寧に読み進めれば必ず理解できるはずです。一部やや難しい解説も含まれていますが、ディープラーニングの理解のために必要なことですので、そのように意識して進めていってください。

---

[10] Pythonで数値演算、特にベクトルや行列の計算が簡単にできるライブラリです。Pythonで機械学習・ディープラーニングのプログラムを実装する場合に必須のライブラリといえます。

理論編

- 2章 微分・積分
- 3章 ベクトル・行列
- 4章 多変数関数の微分
- 5章 指数関数・対数関数
- 6章 確率・統計

Chapter 2

微分・積分

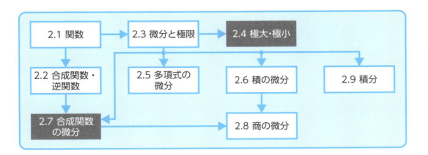

Chapter 2 微分・積分

前章でも説明した通り、**機械学習・ディープラーニングの学習法の根本原理は、「損失関数」と呼ばれる関数の値を最小にするためのパラメータ値を見つけること**です。具体的には「勾配降下法」と呼ばれるアルゴリズムを利用するのですが、この方式の数学的根拠は微分にあります。つまり、機械学習・ディープラーニングの深い理解を目指すのであれば、微分の理解なくしてありえません。

微分では一見複雑に見える公式もいくつかありますが、原理を理解してしまえば、自分で導き出せるものばかりです。そこで、理論編は微分の説明から始めることにします。

本章の最後では、確率との関連で多少必要になる積分についても簡単に触れます。

2.1 関数

2.1.1 関数とは

微分の説明に入る前に、「関数とは何か」ということから確認していきましょう。

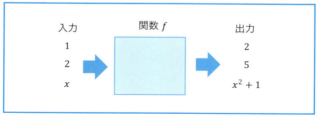

図2-1 関数の概念

図2-1を見てください。この図は関数の概念を模式的に描いたものです。

中央にある箱が関数です。この箱は実数値を1つ入力として受け付け、実数値を1つ出力する働きを持っています。

例えば

入力値：1 → **出力値**：2
入力値：2 → **出力値**：5

といった感じです。

この関数の名前を f とすると、上の関数 f の挙動は

$$f(1) = 2$$
$$f(2) = 5$$

と表現されます。

上の振る舞いだけでは、この関数がどういう仕組みで値を返しているのかはわかりませんが、一番下に種明かしの式が書かれています。

実数の入力値を x とすると、出力値は x^2+1 という計算式で計算されていたのです。実際、x^2+1 の式に $x=1$ を代入すると値 2 が、$x=2$ を代入すると値 5 が得られることがわかります。

この種明かしの仕組みを数式で表現すると

$$f(x) = x^2 + 1$$

という形になります。これが関数の式としてよく使われている形式のものになります。

2.1.2 関数のグラフ

関数 $f(x)$ が与えられると、x にいろいろな値を代入して、その結果返ってくる関数の値を調べることが可能です。さらに x の値とその時得られた $f(x)$ の値を y として、2次元平面上でどんどんプロットしていくことが可能です。

この時、x の間隔をどんどん小さくしていくと、通常の関数の場合、最後は連続的な曲線になることがわかっています[1]。ここで得られた連続的な曲線のことを「関数 $y=f(x)$ のグラフ」と呼んでいます。

---

[1] ここは非常に直感的な議論をしています。数学的には「連続とは何か」の定義が必要ですし、解析学で厳密な連続性を定義すると、「連続でない関数」も作れたりします。この話は大学の解析学の知識が必要なので、ここでは深入りしないことにします。

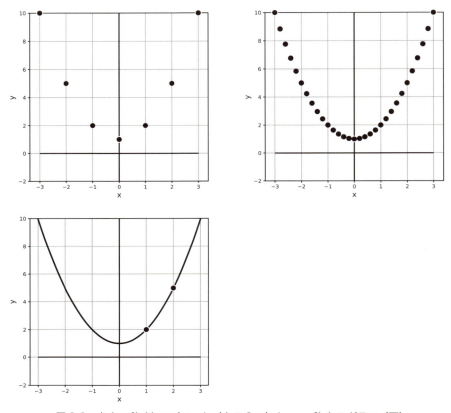

図2-2　点 $(x, f(x))$ のプロット（上の2つ）と $y = f(x)$ のグラフ（下）

2.2　合成関数・逆関数

　関数に関連する重要な上位概念が、合成関数と逆関数です。

　合成関数は、入力変数と重みのパラメータをかけた結果にある処理（関数）を施すという、機械学習・ディープラーニングにおいて非常によく出てくる計算パターンの基本原理です。

　また逆関数は、ディープラーニングで避けることのできない指数関数と対数関数を理解する上で必要となる概念です。本節では、この2つの重要な概念について説明します。

2.2.1 合成関数

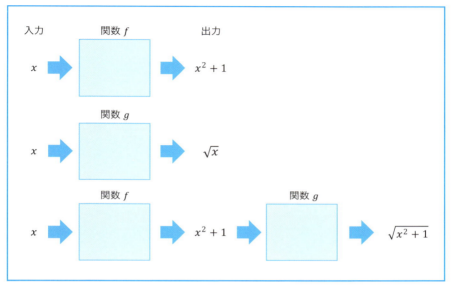

図 2-3　合成関数の概念

図 2-3 を見てください。今度は

$$f(x) = x^2 + 1$$
$$g(x) = \sqrt{x}$$

という 2 つの関数 $f(x)$ と $g(x)$ があるとします。

この時、関数 $f(x)$ の出力を関数 $g(x)$ の入力とすることにより、2 つの関数を組み合わせた新しい関数を作ることが可能です。

こうして作られた関数のことを**合成関数**といいます。

2 つの関数を組み合わせて新しくできた合成関数を $h(x)$ とすると

$$h(x) = g \circ f(x)$$

と書くこともあります。

合成関数の考え方は、複雑な関数の微分を考える際に重要となります。先ほどあげた例のように

$$h(x) = \sqrt{x^2 + 1}$$

という関数の微分をいきなり求めることが難しい場合も

$$f(x) = x^2 + 1$$
$$g(x) = \sqrt{x}$$

という単純な関数の組み合わせと考えると、微分の計算が簡単にできるからです。この考え方は機械学習・ディープラーニングにおいて繰り返し利用することになります。

> ### コラム　合成関数の表記法
>
> 　合成関数の表記法が、なぜ $f \circ g(x)$ でなく $g \circ f(x)$ なのか気になった読者もいると思います。
> 　今までの説明の図ではすべてデータは左から右に流れていましたが、関数の場合、引数の x は f より右にあり、数式上ではデータは右から左に流れます。それで x により近いところに f を配置する必要があり、このような表記になります。
> 　これは、合成関数を $g(f(x))$ と書き直してみると理解しやすいかと思います。
>
>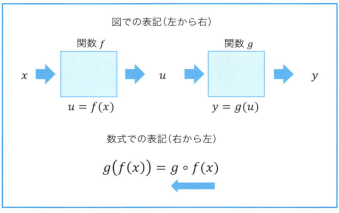
>
> 図2-4　合成関数の表記法

2.2.2　逆関数

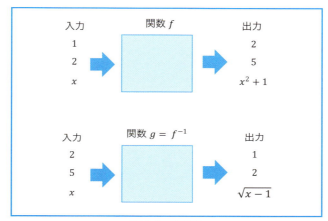

図 2-5　逆関数

図 2-5 を見てください。今、ある関数 $f(x)$ を考えたとき

入力：$f(x)$ の出力
出力：$f(x)$ の入力

となるような、$f(x)$ と逆向きの結果を出す関数を考えたとします。

このような関数がもし存在した場合、この関数のことを $f(x)$ の**逆関数**と呼び、$f(x)$ に対して $f^{-1}(x)$ という表し方をします。

注意すべきことは、逆関数はいつでも存在するわけではないことです。

例えば図 2-5 であげた $f(x) = x^2 + 1$ で説明します。元の関数の入力値としてすべての実数を認めてしまうと、$f(1) = 2$，$f(-1) = 2$ と出力として 2 の値をとる x の値が 2 つ存在することになってしまうので、逆関数の値を一通りに決めることができなくなります。

このような場合、元の関数の x の範囲を限定することで対応ができます。

この例でいうと、元の関数における x の範囲を $x \geqq 0$ に限定します。こうすることで、ある y の値に対して $f(x) = y$ を満たす x が一通りに決まるので、逆関数も定めることができるのです。

逆関数の具体的な求め方は次の通りです。

・元の関数の関係 $y = x^2 + 1$ で x と y を入れ替えた式を作る
・入れ替えてできた式 $x = y^2 + 1$ を $y =$ の形に直す

今取りあげている例の場合でいうと $y^2 = x - 1$ なので $y = \sqrt{x-1}$ になります。

ちなみに、x の範囲を限定するときに、$x \leqq 0$ の範囲にすることもできます。その場合は逆関数の式は $y = -\sqrt{x-1}$ になります。

逆関数のグラフ

ここで、関数 $f(x)$ に対して逆関数 $g(x) = f^{-1}(x)$ を決めることができた場合に、2つの関数のグラフにどういう関係があるかを考えてみましょう。

今、点 (a, b) が、$y = f(x)$ のグラフ上の点であったとします。これは、$f(a) = b$ の関係が成り立つことを意味します。すると、逆関数の定義より $g(b) = a$ の関係も成立するはずです。

このようにして $y = g(x)$ のグラフ上の点をたどっていくと、すべての点が $y = f(x)$ 上の点と、直線 $y = x$ に関して対称な点になっていることがわかります。

つまり、逆関数 $y = g(x)$ のグラフは、元の関数 $y = f(x)$ のグラフと $y = x$ の直線に関してちょうど対称な図形となっています。

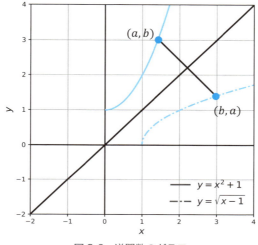

図 2-6　逆関数のグラフ

　この図形的性質は、後ほど逆関数の微分の公式を求めるときに使うことになります。

2.3　微分と極限

　前節までで、関数の概念についての説明は一通り終わりました。本節ではいよいよ微分について説明します。

2.3.1　微分の定義

微分とは何かを直感的に説明すると

　関数のグラフ上のある点を中心に、グラフを無限に拡大していくとグラフは限りなく直線に近づく。この時の直線の傾きを微分という。この直線は、同じ点におけるグラフの接線と同じものである。

ということになります。

実際にグラフが直線に近づく様子を図2-7に示しました。これは$y = x^3 - x$のグラフを、グラフ上の点$\left(\dfrac{1}{2}, -\dfrac{3}{8}\right)$を中心にどんどん拡大してみたものです。

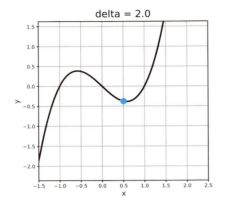
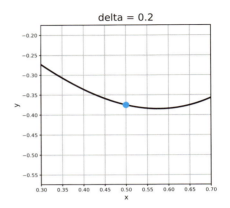
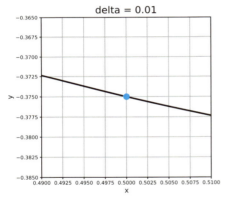

図2-7　$f(x) = x^3 - x$のグラフを拡大したときの様子

また、以下のリンク先には同じ様子をアニメーション化したgifもアップしておきました。関心ある方はこちらもあわせて見てください。

https://github.com/makaishi2/math-sample/blob/master/movie/diff.gif
（短縮URL：https://bit.ly/2C434oI）

では、この直線の傾きの値が実際にいくつになるか知るにはどうすればよい

でしょうか？　この時に使うのが**極限**という考え方です。

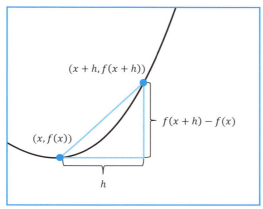

図 2-8　関数のグラフ上の 2 点を結んだ直線の傾き

図 2-8 を見てください。この図は、関数のグラフ上に 2 点 $(x, f(x))$ と $(x+h, f(x+h))$ をとり、この 2 点を直線で結んだときの様子を示したものです。

図を見ればわかる通り、グラフ上の 2 点 $(x, f(x))$ と $(x+h, f(x+h))$ を結んだ直線の傾きは

$$\frac{f(x+h) - f(x)}{h}$$

で表すことができます。

ここで無限に h を 0 に近づけたときの傾きの値が関数 $f(x)$ の微分ということになります。微分の表記法はいくつかあるのですが、まずは $f'(x)$ という一番よく使われる表記法を利用します。

無限に近づけるという操作を数学的には lim という記号で表すので、結局微分の計算をするための式は次のようになります。

$$f'(x) = \lim_{h \to 0} \frac{f(x+h) - f(x)}{h}$$

今までの例で使っていた $f(x) = x^2 + 1$ という関数だと、この計算結果は次

のようになります。

$$f'(x) = \lim_{h \to 0} \frac{f(x+h) - f(x)}{h} = \lim_{h \to 0} \frac{((x+h)^2 + 1) - (x^2 + 1)}{h}$$
$$= \lim_{h \to 0} \frac{2xh + h^2}{h} = \lim_{h \to 0} (2x + h) = 2x$$

微分の表記法には $f'(x)$ という書き方以外に以下のものがあります。本書でも必要に応じて使い分けることがありますので、全部同じものだと理解して混乱しないようにしてください。

$$y'$$
$$\frac{dy}{dx}$$
$$\frac{d}{dx}f(x)$$

この表記法の中で特に注目して欲しいのは、

$$\frac{dy}{dx}$$

という表記法です。

微分とは結局「x を少しだけ増やしたときの、y の増える量を比で表したもの」ということができます。このことを Δ という記号を使ってこう表現します。

$$\lim_{\Delta x \to 0} \frac{\Delta y}{\Delta x}$$

$\frac{dy}{dx}$ という表記法の良いところは、この時の **lim を省略して Δy や Δx の代わりに dy や dx とした表記**とみなせるため、直感的にとてもわかりやすい点です。

実際本章のここから後で出てくる微分の公式のいくつかは、この表記法からほぼ明らか[2]だったりします。

---

[2] 厳密な証明はできないにしても、直感的にはすぐ理解できるという意味においてということです。

2.3.2 微分と関数値の近似表現

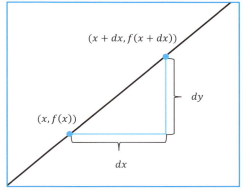

図 2-9 微分と関数値の近似表現

図 2-9 を見てください。この図は前に示したように関数のグラフを無限に拡大して、曲線が直線になった状態のものと考えてください。

この状態で、$x \to x + dx$ と微少量だけ x の値を増やしたとき、関数の値 $f(x)$ がどの程度変化するかを考えてみます。

すると

$$f'(x) = \lim_{h \to 0} \frac{f(x+h) - f(x)}{h}$$

であったことを考えると、h が無限に小さいとき

$$f(x+h) - f(x) \fallingdotseq hf'(x)$$

h と dx はともに微少量なので同じものと考えれば

$$dy = f(x+dx) - f(x) \fallingdotseq f'(x)dx \tag{2.3.1}$$

という式が成り立ちそうです。この式は実際に成立することがわかっています。

つまり

関数 $f(x)$ において、x の値を微少量 dx だけ変化させた場合の $f(x)$ の変化量 $(f(x+dx) - f(x))$ は、$f'(x)\,dx$ に等しい

ということがいえます。

この式はこの後、微分のいろいろな公式を導出する際に使うことになりますので、ぜひイメージから理解するようにしてください。

2.3.3　接線の方程式

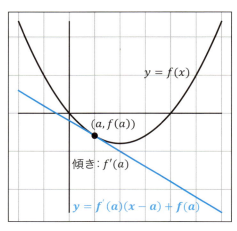

図 2-10　接線の方程式

図 2-10 を見てください。前に説明した微分の定義から $y = f(x)$ のグラフ上の点 $(a, f(a))$ でのグラフの接線の傾きは $f'(a)$ となります。

点 (p, q) を通る傾き m の直線の方程式は

$$y = m(x - p) + q \qquad (2.3.2)$$

です[3]。この式に

$$p \to a$$
$$q \to f(a)$$
$$m \to f'(a)$$

---

[3] (2.3.2)式の右辺を展開して整理すると、傾き m の x の 1 次式になっていること、(2.3.2)式の x, y に $(x, y) = (p, q)$ を代入すると等式は成り立つこと、の 2 点からこのことがいえます。

の置き換えをすることで、次の接線の方程式を作ることができます。

$$y = f'(a)(x-a) + f(a) \tag{2.3.3}$$

コラム 接線の方程式の問題と学習フェーズ・予測フェーズ

ここで、今導出した接線の方程式(2.3.3)の応用として次の問題を考えてみましょう。

> 関数 $f(x) = x^2 - 4x$ がある。
> (1) この関数の接線が点 $(-2, 3)$ を通るとき、接線の方程式を求めよ。
>   ただし接点の x 座標を a とするとき、$a > 0$ とする。
> (2) (1)で求めた接線と y 軸の交点の座標を求めよ。

関数上の点 $(a, f(a))$ の接線の方程式(2.3.3)をもう一度書き下すと

$$y = f'(a)(x-a) + f(a)$$

です。この式を利用して、解答は次のようになります。

(1)の解答

$$f'(x) = 2x - 4$$

なので、$x = a$ における関数の接線の方程式は次の通りです。

$$y = (2a-4)(x-a) + (a^2 - 4a) = (2a-4)x - a^2$$

つまり

$$y = (2a-4)x - a^2 \tag{2.3.4}$$

$(x, y) = (-2, 3)$ を(2.3.4)に代入して

$$3 = (2a-4)(-2) - a^2 = -a^2 - 4a + 8$$
$$a^2 + 4a - 5 = (a+5)(a-1) = 0$$

$a > 0$ なので $a = 1$
$a = 1$ を(2.3.4)に代入して

$y = -2x - 1$ … (答)

(2)の解答
$y = -2x - 1$ の式に $x = 0$ を代入して $y = -1$
よって
$(x, y) = (0, -1)$ … (答)

　教科書によく出ている標準的な微分の問題ですが、実は機械学習でつまずきやすい点に対する重要なヒントになっています。

　ポイントは(2.3.4)の式の使い方にあります。この式には x, y, a という3つの文字が含まれています。最初の段階では a の値を求めるために、x と y に値を代入しました。つまり、この段階では **x と y を定数と扱い**、**a を変数**として a を求める方程式を解いたわけです。
　しかし、一度 a の値が決まると、今度は同じ(2.3.4)の式に a の値を代入しています。この段階では **x と y は変数に戻っている**ので、x と y の関係式 ($y = -2x - 1$) と $x = 0$ から y の値を求めることができました。
　つまり、**同じ(2.3.4)の式を使って、何を定数とし、何を変数とするか、無意識のうちに行ったり来たりして問題を解いている**ことになります。

　本書の後半の「実践編」では、具体的なモデルに対して勾配降下法を用いてパラメータを最適化していきますが、その際の考え方は、この問題の解き方とまったく同じです。

　「**学習フェーズ**」とは観測された x（入力値）と y（正解値）から最適なパラメータ（問題の例では a）を決めるフェーズです。この問題でいうと(1)を解く段階がこれに該当しています。

　「**予測フェーズ**」では、パラメータの値が定まった代わり、x と y は不定な状態に戻っています。ちょうど今の問題を解くときでいうと(2)の状態に該当しています。それで、予測フェーズでは x の値から y の値を予測することができるのです。

　以上の話をまとめると

学習フェーズ：x と y は観測値としての定数、パラメータが変数
予測フェーズ：パラメータは最適化された状態での定数、x と y は変数

と変数と定数の役割がフェーズにより入れ替わることになります。

本書後半の「実践編」では、この点に特に注意して数式を追うようにしてください。

2.4 極大・極小

前節の最後に説明したように、x の値を微少量 dx だけ増やしたときの $f(x)$ の増加値は $f'(x)\,dx$ に等しくなります。ということは、$f'(x)$ の値がちょうど 0 になるような地点では、$f(x)$ の値は増えも減りもしないはずです。

この予想は正しくて、$f'(x) = 0$ となるような x の地点では、関数の形がちょうど山頂だったり、谷底だったりします。グラフの形に応じてそれぞれ極大、極小という名前がつけられています。また、その時の関数の値を極大値、極小値といいます。

極大になるか極小になるかは、その前後で微分の値が正負どちらであるかで決まります。具体的な関係は図 2-11 を参照してください。

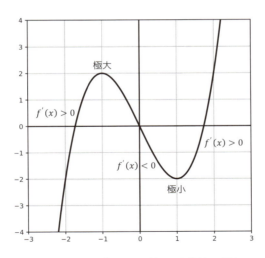

図 2-11　$y = x^3 - 3x$ のグラフと極大・極小

場合によっては、微分の値がゼロであっても極大にも極小にもならない場合

もあります。

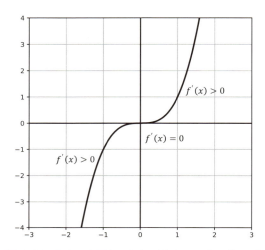

図 2-12　極大でも極小でもない例（$y = x^3$ のグラフ）

　本節の結論の中で重要なのは、**関数 $f(x)$ の微分 $f'(x)$ の値が 0 になるような x の値で、関数は極大または極小の値をとる**という原理です。この原理は、本書後半の実践編の中で、**勾配降下法**として繰り返し利用されるアルゴリズムの根本原理となっています。

2.5　多項式の微分

　ここからは、いろいろな微分の公式を実際に確認してみます。まず、最初は多項式の微分です。
　$f(x) = x^2 + 1$ の微分は 2.3 節で計算してみましたが、それ以外の多項式ではどのような結果になるでしょうか？

2.5.1　x^n の微分

まず、$f(x) = x^n$ の微分を考えてみます。
二項定理

$$(x+h)^n = x^n + {}_nC_1 x^{n-1} h + {}_nC_2 x^{n-2} h^2 + \cdots$$

が成り立つので [4]

$$(x+h)^n - x^n = (x^n + {}_nC_1 x^{n-1} h + {}_nC_2 x^{n-2} h^2 + \cdots) - x^n$$
$$= nh x^{n-1} + \frac{n(n-1)}{2} h^2 x^{n-2} + \cdots$$

よって

$$f'(x) = \lim_{h \to 0} \frac{f(x+h) - f(x)}{h} = \lim_{h \to 0} \frac{nh x^{n-1} + \frac{n(n-1)}{2} h^2 x^{n-2} + \cdots}{h}$$
$$= \lim_{h \to 0} (n x^{n-1} + \frac{n(n-1)}{2} h x^{n-2} + \cdots) = n x^{n-1}$$

つまり

$$\frac{d}{dx}(x^n) = n x^{n-1}$$

これが $f(x) = x^n$ の微分の公式となります。

2.5.2　微分計算の線形性と多項式の微分

$f(x)$ と $g(x)$ を x の関数とするとき、p と q を実数として

$$(p \cdot f(x) + q \cdot g(x))' = p \cdot f'(x) + q \cdot g'(x) \tag{2.5.1}$$

が成り立ちます。このような性質が成り立つことを「線形性」と呼びます [5]。

---

[4] なぜこうなるかは本節最後のコラムに解説があります。
[5] 微分演算の他に「線形性」の成り立つ例としては、原点を通る一次関数（線形の名前の由来）やベクトル間の演算である内積（3章で解説します）などがあります。

実際に計算してみると、微分の定義から以下のようになります。

$$(p \cdot f(x) + q \cdot g(x))' = \lim_{h \to 0} \frac{(p \cdot f(x+h) + q \cdot g(x+h)) - (p \cdot f(x) + q \cdot g(x))}{h}$$

$$= \lim_{h \to 0} \left(p \cdot \frac{f(x+h) - f(x)}{h} + q \cdot \frac{g(x+h) - g(x)}{h} \right)$$

$$= p \cdot f'(x) + q \cdot g'(x)$$

微分計算の線形性と、先ほど示した x^n の微分の公式を合わせると、次のような多項式の微分の公式を作ることができます。

$$f(x) = a_n x^n + a_{n-1} x^{n-1} + \cdots + a_1 x + a_0$$

とするとき

$$f'(x) = n a_n x^{n-1} + (n-1) a_{n-1} x^{n-2} + \cdots + a_1 \qquad (2.5.2)$$

(2.5.2) を用いて 2.3 節図 2-7 でグラフを書いた関数で、実際の微分の計算をしてみましょう。この時の関数は

$$f(x) = x^3 - x$$

というものでした。
(2.5.2) を使うと

$$f'(x) = 3x^{3-1} - 1x^{1-1} = 3x^2 - 1$$

$x = \dfrac{1}{2}$ のときの接線の傾きを知りたいので

$$f'\left(\frac{1}{2}\right) = 3\left(\frac{1}{2}\right)^2 - 1 = -\frac{1}{4}$$

この時の傾きは $-\dfrac{1}{4}$ であったことがわかります。これは図 2-7 の左下のグラフからも確認できます。

2.5.3　x^r の微分

今度は $f(x) = \dfrac{1}{x} \left(= x^{-1}\right)$ の微分を計算してみましょう。

$$f'(x) = \lim_{h \to 0} \frac{\dfrac{1}{x+h} - \dfrac{1}{x}}{h} = \lim_{h \to 0} \frac{1}{h} \frac{x - (x+h)}{x(x+h)} = -\lim_{h \to 0} \frac{1}{x(x+h)} = -\frac{1}{x^2}$$

もう1つ、$f(x) = \sqrt{x}$ の微分計算をしてみます（式の途中の計算で分子分母に $\left(\sqrt{x+h} + \sqrt{x}\right)$ をかけるという方法を使っています）。

$$f'(x) = \lim_{h \to 0} \frac{\sqrt{x+h} - \sqrt{x}}{h} = \lim_{h \to 0} \frac{(x+h) - x}{h\left(\sqrt{x+h} + \sqrt{x}\right)} = \lim_{h \to 0} \frac{1}{\sqrt{x+h} + \sqrt{x}}$$

$$= \frac{1}{2\sqrt{x}}$$

$\sqrt{x} = x^{\frac{1}{2}}$ と書けますので、どちらの場合もまとめて

$$f'(x) = rx^{r-1} \tag{2.5.3}$$

となっているといえます。

実は、$f(x) = x^r$ の微分の公式(2.5.3)は、r が自然数のときだけでなく、負の整数、有理数、さらには無理数を含めた任意の実数に対しても成り立つことがわかっています。今実際に微分計算したのはその一例となります。

コラム C (Combination) と二項定理

多項式の微分の説明で出てきた「Cとか二項定理とかって何?」という人もいると思います。微分の話からは外れるのですが、この点について簡単に解説しましょう。

$_nC_k$ (Combination) とは、「n 個の区別できるものから k 個のものを選び出す組み合わせの数」を意味します。例えば $_5C_2$ とはA、B、C、D、Eの5人がいるとき、2人のチームの組み方は何通りあるかという意味です。

計算の仕方としては

$$_nC_k = \frac{n!}{k!(n-k)!}$$

$$(n! = n \cdot (n-1) \cdot \cdots \cdot 2 \cdot 1)$$

という形で行います。

なぜこの式になるかを、先ほどの $_5C_2$ の具体例で考えてみましょう。

まず、5人を順番に並べる方法を考えます。この方法は全部で $5! = 120$ 通りあります。

次に5人が並んだ状態で、先頭の2人を選ぶことを考えます。BとDを選ぶ場合を考えると、BDxxx という場合と DBxxx という場合があり、先ほどの120通りの数え方では二重(2!通り)に数えていることがわかります。うしろの xxx に関しても A, C, E をどの順番にするかで $3! = 6$ 通り重複して数えています。この重複分を割ることによって

$$\frac{5!}{2! \cdot 3!} = \frac{5 \cdot 4 \cdot 3 \cdot 2 \cdot 1}{2 \cdot 1 \times 3 \cdot 2 \cdot 1} = 10 \text{ 通り}$$

という計算ができることになります。

この計算方法を n と k という文字で一般化したのが上の式でした。

次になぜ二項定理の公式[6]で

$$(x+y)^n = \sum_{k=0}^{n} {}_nC_k \cdot x^k y^{n-k}$$

と Combination の式が出てくるかです。

これは $(x+y)^5$ という式の $(x+y)$ を縦に並べて

$$\begin{pmatrix} x \\ + \\ y \end{pmatrix} \times \begin{pmatrix} x \\ + \\ y \end{pmatrix} \times \begin{pmatrix} x \\ + \\ y \end{pmatrix} \times \begin{pmatrix} x \\ + \\ y \end{pmatrix} \times \begin{pmatrix} x \\ + \\ y \end{pmatrix}$$

と書き直してみると、わかりやすくなります。

上の式を展開した場合 x^2y^3 の係数がいくつかという問題は $x \cdot x \cdot y \cdot y \cdot y$ とか $x \cdot y \cdot x \cdot y \cdot y$ のように、
「5個の文字の場所の中で x という文字が2回出てくる組み合わせが何通りあるか」
という問題と同じで、結局
「1から5までの数字の中から2つの数字を選ぶ組み合わせ」
と同じ話になります。これは先ほど説明した Combination の定義そのものなので、$_5C_2$ で計算できることになるわけです。

x^n の微分の話に戻すと $(x+h)^n$ を展開したとき、$x^{n-1}h$ の係数がいくつかというのが、微分の結果に直接関係する部分です。

上の話の延長で考えると $n=5$ の場合
$(h \cdot x \cdot x \cdot x \cdot x), (x \cdot h \cdot x \cdot x \cdot x), ..(x \cdot x \cdot x \cdot x \cdot h)$ の 5 通りあるので、係数が 5 であるというのはすぐわかると思います。

よって、$(x+h)^n = x^n + nx^{n-1}h + ...$ となり、微分の公式が成り立つことになります。

> [6] この二項定理の公式は、6章図 6-7 の二項分布のヒストグラムを作るプログラムの中で使っています。Python では scipy ライブラリの comb という関数で Combination の計算が可能です。

2.6　積の微分

本節では 2 つの関数 $f(x)$ と $g(x)$ が与えられているときに 2 つの関数の積の微分 $(f(x)g(x))'$ を求めてみます。

この公式を直感的に理解するため、2.3.2 項で導いた h が微少量のときに近似的になりたつ式(2.3.1)

$$f(x+h) \fallingdotseq f(x) + h \cdot f'(x)$$
$$g(x+h) \fallingdotseq g(x) + h \cdot g'(x)$$

を使います。

このとき

$$f(x+h) \cdot g(x+h) \fallingdotseq (f(x) + h \cdot f'(x))(g(x) + h \cdot g'(x))$$

なので

$$\begin{aligned}
&f(x+h) \cdot g(x+h) - f(x)g(x) \\
&\fallingdotseq (f(x) + h \cdot f'(x))(g(x) + h \cdot g'(x)) - f(x)g(x) \\
&= h(f'(x)g(x) + g'(x)f(x)) + h^2 f'(x)g'(x)
\end{aligned}$$

よって

$$\begin{aligned}
(f(x)g(x))' &= \lim_{h \to 0} \frac{f(x+h)g(x+h) - f(x)g(x)}{h} \\
&= \lim_{h \to 0} \frac{h(f'(x)g(x) + g'(x)f(x)) + h^2 f'(x)g'(x)}{h} \\
&= \lim_{h \to 0} (f'(x)g(x) + g'(x)f(x) + hf'(x)g'(x)) \\
&= f'(x)g(x) + g'(x)f(x)
\end{aligned}$$

もう一度結果だけ書き直すと以下の公式になります。

$$(f(x)g(x))' = f'(x)g(x) + g'(x)f(x) \tag{2.6.1}$$

これが本節の目的である**積の微分の公式**です。

2.7 合成関数の微分

2.3 節で「$\dfrac{dy}{dx}$」という微分の数式表現は、いろいろな公式を直感的に理解しやすくて便利という話をしました。その典型的な例として合成関数の微分公式を取りあげます。

2.7.1 合成関数の微分

合成関数とは 2.2 節で説明したように、2 つの関数 $f(x)$ と $g(x)$ があるときに、$f(x)$ の出力を $g(x)$ の入力とし、その出力を全体として 1 つの関数と見る方法となります。

今、合成関数全体としての入力を x、出力を y とします。また

$$u = f(x)$$
$$y = g(u)$$

としてみます（図 2-13）。

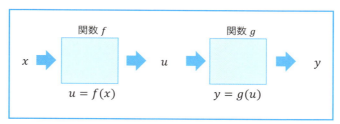

図 2-13　合成関数

実はこの時の微分の公式はとても簡単で、以下の形になります。

$$\frac{dy}{dx} = \frac{dy}{du} \cdot \frac{du}{dx} \quad (2.7.1)$$

通常の分数の計算であれば約分してすぐに成り立つ式です。数学的に厳密に証明するのはかなり難しい話なのですが、直感的には明らかな式なので、ここではこれ以上深入りしないことにします。

代わりに 2.2 節で出てきた合成関数の例を題材に、実際に微分計算をしてみましょう。2.2 節の例は次のようなものでした。

$$y = \sqrt{x^2 + 1}$$

これを

$$f(x) = x^2 + 1$$
$$g(x) = \sqrt{x}$$

の2つの関数に分解して考えてみます。

$$u = f(x) = x^2 + 1$$
$$y = g(u) = \sqrt{u}$$

なので、2.5節の公式(2.5.3)および(2.5.2)を利用すると

$$\frac{dy}{du} = g'(u) = \left(u^{\frac{1}{2}}\right)' = \frac{1}{2}u^{-\frac{1}{2}} = \frac{1}{2\sqrt{u}} = \frac{1}{2\sqrt{x^2+1}}$$

$$\frac{du}{dx} = f'(x) = 2x$$

よって

$$\frac{dy}{dx} = \frac{dy}{du} \cdot \frac{du}{dx} = \frac{1}{2\sqrt{x^2+1}} \cdot 2x = \frac{x}{\sqrt{x^2+1}}$$

これが $y = \sqrt{x^2+1}$ を x で微分した結果となります。

なお、ここで説明した**合成関数の微分の公式**は機械学習の世界では**連鎖律**と呼ばれることが多いです。内容は今説明した合成関数の微分と同じものなので、そのように理解してください。

2.7.2 逆関数の微分

「$\frac{dy}{dx}$」の数式表現の活用例をもう1つ紹介します。それは逆関数の微分公式です。$y = f(x)$ の逆関数が $g(x)$ だったとします。このときに2つの関数の導関数（微分した結果）の関係を求めてみましょう。

$y = f(x)$ とすると、逆関数の定義から $x = g(y)$ と書くことができます。

図2-14を見てください。(a, b) を $y = f(x)$ のグラフ上の点とすると

$b = f(a)$ の関係にあります。この時、点 (a, b) と直線 $y = x$ に関して対称な点 (b, a) は逆関数のグラフ $y = g(x)$ 上の点になっています。つまり、$a = g(b)$ の関係が成り立ちます。点 (a, b) における $y = f(x)$ のグラフの接線の傾きは $f'(a)$ です。

この時、図形の対称性から、$y = g(x)$ のグラフの点 (b, a) における接線の傾きは $\dfrac{1}{f'(a)}$ になります。つまり $b = f(a)$ とすると

$$g'(b) = \frac{1}{f'(a)} \tag{2.7.2}$$

が成り立ちます。これが**逆関数の微分の公式**です。

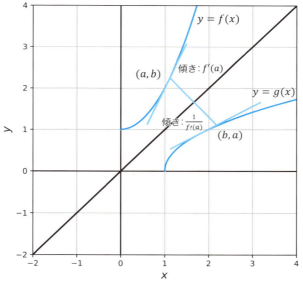

図 2-14 逆関数の微分

この公式を別の表記法で表してみます。

$y = f(x)$ なら $f'(x) = \dfrac{dy}{dx}$ です。

$x = g(y)$ なら $g'(y) = \dfrac{dx}{dy}$ です。

この 2 つの式で、先ほどの公式を書き換えると

$$\frac{dx}{dy} = \frac{1}{\frac{dy}{dx}}$$

となります。

合成関数の微分のときと同様に、通常の分数計算なら当たり前の式になりました。

2.8 商の微分

本節の目的は

$$\frac{f(x)}{g(x)}$$

のように 2 つの関数の商の形で表される関数の微分を求めることです。

この計算は、今までの微分の公式を組み合わせて使うと導出することができます。まず

$$h(x) = \frac{1}{g(x)}$$

とします。すると

$$\frac{f(x)}{g(x)} = f(x) \cdot h(x)$$

なので (2.6.1) より次の式が成り立ちます。

$$\left(\frac{f(x)}{g(x)}\right)' = (f(x) \cdot h(x))' = f'(x)h(x) + f(x)h'(x)$$

$h'(x)$ については $u = g(x)$ として合成関数の微分として考えます。すると

$$h'(x) = \left(\frac{1}{g(x)}\right)' = \left(\frac{1}{u}\right)' \cdot \frac{du}{dx} = \left(-\frac{1}{u^2}\right) \cdot g'(x) = -\frac{g'(x)}{(g(x))^2}$$

これを先ほどの結果に代入すると

$$\left(\frac{f(x)}{g(x)}\right)' = \frac{f'(x)g(x) - f(x)g'(x)}{(g(x))^2} \tag{2.8.1}$$

これが**商の微分の公式**となります。

ここまでに出てきた微分の公式をまとめておきます。

$$(p \cdot f(x) + q \cdot g(x))' = p \cdot f'(x) + q \cdot g'(x) \tag{2.5.1}$$

$$(x^r)' = rx^{r-1} \tag{2.5.2}$$

$$(f(x)g(x))' = f'(x)g(x) + f(x)g'(x) \tag{2.6.1}$$

$$\frac{dy}{dx} = \frac{dy}{du} \cdot \frac{du}{dx} \tag{2.7.1}$$

$$\frac{dx}{dy} = \frac{1}{\frac{dy}{dx}} \tag{2.7.2}$$

$$\left(\frac{f(x)}{g(x)}\right)' = \frac{f'(x)g(x) - f(x)g'(x)}{(g(x))^2} \tag{2.8.1}$$

これらの公式は3章以降で繰り返し使うことになりますので、ぜひ覚えた上で、自分で使いこなせるようにしてください。

2.9 積分

本章の最後に積分[7]について調べてみます。微分とは簡単にいうと「**関数のグラフを無限に拡大したときにできる直線の傾き**」のことでした。

積分を同じように直感的に理解できる簡単な言葉で表現すると、「**関数のグラフと直線 $y = 0$ の間にできる図形の面積**」となります。このことをこれから実際に示してみます。

---

[7] 積分の概念はディープラーニングの勾配降下法で直接必要ではないのですが、6章の確率・統計の話を理解する上で必要な部分があるので、簡単に説明しておきます。

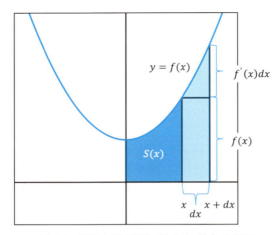

図2-15　面積を表す関数 $S(x)$ と $f(x)$ の関係

　図2-15を見てください。問題を簡単にするため、関数 $y = f(x)$ は x の値にかかわらず正の値をとるものとします。また、x の値も正の範囲でだけ考えます。

　このような条件の下で、図で示された領域の面積を表す関数が存在したと仮に考えてみます。この関数のことを $S(x)$ という名前にしてみましょう。

　次に $S(x)$ の微分 $S'(x)$ がどういう関数になるかを考えてみます。

　そこで、いつものように x が微少量 dx だけ増えたときの $S(x)$ の増加量を考えてみます。$S(x)$ の定義より、関数 $S(x)$ の増分 $S(x + dx) - S(x)$ は、図2-15の x, $x + dx$ の2つの直線で囲まれた領域の面積になります。dx を極限まで小さくしていくと、$y = f(x)$ のグラフは直線に近づくので、この領域は台形に近づくことになります。

　台形の面積は、台形を図のように長方形と三角形に分けて考えると

$$f(x)dx + \frac{1}{2}dx \cdot f'(x)dx$$

となります。

　以上をまとめると次のようになります。

$$S(x + dx) - S(x) \fallingdotseq f(x)dx + \frac{1}{2}f'(x)(dx)^2$$

dx を h と置き換えた後で、両辺を h で割って、$h \to 0$ の極限をとると

$$S'(x) = \lim_{h \to 0} \frac{1}{h}(S(x+h) - S(x)) = \lim_{h \to 0} \left(f(x) + \frac{1}{2}f'(x) \cdot h \right) = f(x)$$

なんと **$S(x)$ の微分 $S'(x)$ はグラフの元の関数 $f(x)$ そのもの**だったのです。

逆に

$$S'(x) = f(x)$$

となるような関数 $S(x)$ をうまく見つけられれば、その $S(x)$ が $y = f(x)$ のグラフの面積を調べられる関数のはずです。

例えば、$f(x) = x^2$ だとすると $S(x) = \frac{1}{3}x^3$ がこのような関係を満たしている関数です。

上の説明はあくまで直感的なもので、厳密にこのことを証明するためには、そもそも $S(x)$ という関数が存在することの証明や、前で「ほぼ台形になる」という前提で示した近似式が正しいことまで示す必要があります。ただ、上の説明だけでこの事実が正しそうなことは感覚的には理解できたかと思います。

面積を表す関数 $S(x)$ の微分が元の関数 $f(x)$ になっているという事実は、**微積分の基本定理**と呼ばれる解析学で最も重要な定理の1つとなっています。

最後によく使われる積分関係の数学記号と、上の説明の対応関係を簡単に示します。

まず、$S(x)$ ですが、これは元の関数 $f(x)$ に対して「**$f(x)$ の原始関数**」と呼び、通常、f を大文字に変えた $F(x)$ で表します（上の説明では面積の関数であることを強調するため、あえて文字を別にしました）。

関数 $f(x)$ が与えられたときに、$F'(x) = f(x)$ を満たす関数 $F(x)$ を求める計算のことを「**不定積分**」を求めるといいます。このことは数学記号を使うと次のように表されます。

$$\int f(x)dx = F(x) + C$$

C という文字が突然出てきましたが、これは $f(x)$ の原始関数が $F(x)$ である場合、定数を足した $F(x) + C$ もまた原始関数となっていることを示すためのもので、**積分定数**という名前がついています。

$f(x) = x^2$ という関数に対して不定積分を求めることを数式で表してみると次のようになります。

$$\int x^2 dx = \frac{x^3}{3} + C$$

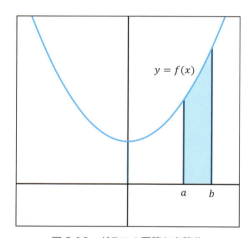

図 2-16　グラフの面積と定積分

図 2-16 を見てください。

この場合、a と b で囲まれた部分の面積は不定積分 $F(x)$ を使って

$$F(b) - F(a)$$

で表せますが、元の関数と積分記号を使って次のようにも表せます。

この表記法を**定積分**といいます。

$$\int_a^b f(x)dx$$

面積を計算する際は、上のように必ず2つの原始関数値の引き算になります。

これを略して表記する方法として

$$[F(x)]_a^b$$

という式もよく使われるので一緒に覚えておいてください。

コラム 積分記号の意味

今までの説明でわかった通り、定積分とは結局タテ $f(x)$、ヨコ dx の細い短冊状の長方形を区間 a から区間 b まで敷き詰めて、全部足し合わせるイメージになります（図2-17）。

積分記号の $\int$ とは元々アルファベットの S（sum ＝ 和）のことで、上記の定積分の数式は「**$x=a$ から $x=b$ までの区間の細かい長方形 $f(x)\,dx$ を全部足したもの**」というイメージを表したものとなります。

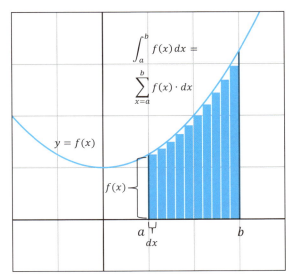

図2-17　積分と面積の関係

Chapter 3

ベクトル・行列

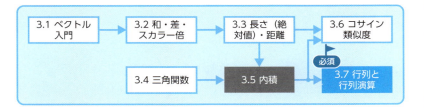

Chapter 3 ベクトル・行列

本章はベクトルの復習から始めて、行列についても簡単に説明します。

ベクトルに関連する概念の中では、特に「内積」が重要なので、よく理解してください。「コサイン類似度」という重要な概念についても解説します。コサイン類似度の具体的な利用事例についてはコラムで紹介しておきました。

行列は、ディープラーニングのアルゴリズムやプログラムを考える際には避けて通れません。一見複雑に見えますが、表記法とかけ算のやり方だけ押さえていれば、ディープラーニングに必要な最低限の話は理解できます。本章ではそこに絞って解説します。

3.1 ベクトル入門

3.1.1 ベクトルとは

ベクトルとは、「向きと大きさを持つ量」ということで定義されます。最初は問題を簡略化するため、2次元で考えてみましょう。

2次元の世界で、地点Aから地点Bに移動した場合、どれだけ移動したかは「北に2km」「東に3km」「南西に4km」というように、移動した向きと移動した距離で表現することが可能です。このように、「向きと大きさがセットになった量」をベクトルといいます。

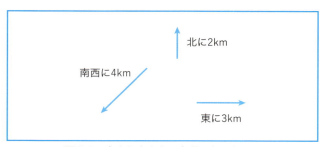

図 3-1　向きと大きさで表現したベクトル

3.1.2 ベクトルの表記方法

これ以降、文字を使ってベクトルを表現しますが、その文字が2や－0.5のような単なる数値（ベクトルと対比してスカラーと呼ぶことがあります）を表現しているのか、それともベクトルそのものを表現しているのかを区別する必要があります。

よく使われるベクトルの表記法としては、次の2つのタイプがあります。

$\boldsymbol{a}, \boldsymbol{b}$ など、太字で表現する方法
$\vec{a}, \vec{b}$ など、頭に矢印をつける方法

本書では、このうち、前者の太字方式で表記することにします。逆に a、b など、太字でない文字は、スカラーと呼ばれる通常の実数を表すものだと考えてください（ただし、**重要な内容（例えばスカラー $\boldsymbol{a}$）を太字で表す**際にはスカラーもベクトルも太字（$\boldsymbol{a}$）になります。そこは文脈で判断してください）。

ベクトルは図 3-2 のように「A 地点から B 地点までの移動量」として定義することも可能です。

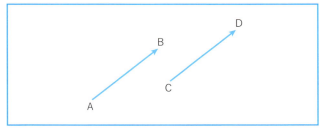

図 3-2　始点と終点で表現したベクトル

この場合、出発地の A を**ベクトルの始点**、目的地の B を**ベクトルの終点**と呼びます。このような A 地点から B 地点までの移動を表すベクトルは $\overrightarrow{AB}$ と表現します。

上の図で、A から B に移動する場合と C から D に移動する場合、**移動距離と向きがまったく同じ**だとすると、**2 つのベクトルは等しい**ということができます。つまり、$\overrightarrow{AB} = \overrightarrow{CD}$ が成り立ちます。

3.1.3 ベクトルの成分表示

2次元のベクトルには、もう1つの表現方法があります。それは、x軸とy軸の向きを定め、それぞれの向きの単位の長さを定めて、その単位の長さの何倍かを一組の数値として表現する方法です。

図3-1の場合、x軸の向きを東向き、y軸の向きを北向き、単位の長さを1kmとすると、それぞれのベクトルは図3-3のような数値の組で表現できます。このような表現形式を**ベクトルの成分表示**といいます。図3-3に図3-1のベクトルを成分表示した例を示しました。

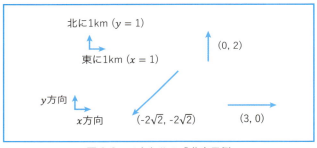

図3-3　ベクトルの成分表示例

3.1.4 多次元への拡張

今までは2次元平面の世界でベクトルを考えてきましたが、「大きさと向き」という考えを3次元にも拡張できます。

その場合も成分表示ができます。この時は、x方向、y方向に加えてz方向も考える必要があるので、3つの数字の組でベクトルが表現されます。図3-4に$(2, 3, 2)$を成分として持つ3次元ベクトルのイメージを示しました。

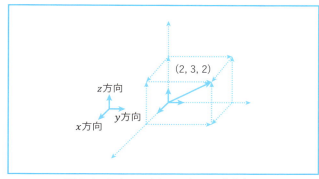

図 3-4　3 次元ベクトルにおける成分表示

　人間が頭でイメージできるベクトルは 3 次元が限界ですが、成分表示形式を単に「複数の実数値の組」と考えると、4 次元、5 次元、といくらでも拡張できることがわかると思います。数学の世界では、このような拡張をして、例えば 100 次元ベクトルのようなものも 2 次元ベクトル、3 次元ベクトルと同列に扱えます。

3.1.5　ベクトルの成分表示の表記法

　ベクトルを成分表示する場合の表記法は、個々の要素をタテに並べる方法、ヨコに並べる方法の 2 通りがあります。

タテ表記の例

$$\boldsymbol{a} = \begin{pmatrix} a_1 \\ a_2 \\ \vdots \\ a_n \end{pmatrix}$$

ヨコ表記の例

$$\boldsymbol{a} = (a_1, a_2, \cdots, a_n)$$

　一般的な数学書の慣例にならって、本書でもこの 2 つの表記法を特に区別することなく同一のものとして扱うこととします。具体的には、ベクトル単体の

説明ではスペースの関係でヨコ表記を、行列とのかけ算が必要な場合はタテ表記を使います。

3.2　和・差・スカラー倍

　ベクトルに対する演算として、ベクトル同士の和と差、そしてスカラー倍を定義することが可能です。これらの演算を、まず先ほどと同じように2次元の「向きと大きさを持つ量」として考え、次に成分表示の場合にどうなるかを見ていきます。

3.2.1　ベクトルの和

　ベクトル間の演算の最初として、「**ベクトルの和**」を考えてみましょう。この場合、前節で説明したベクトルの概念のうち、「始点と終点で表現されるベクトル」で考えるのが便利です。例として、図3-5のような位置関係にある3つのベクトルを考えてみます。

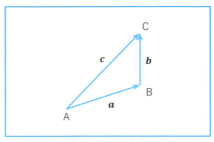

図3-5　ベクトルの和

$$a = \overrightarrow{AB}$$
$$b = \overrightarrow{BC}$$
$$c = \overrightarrow{AC}$$

　ベクトルの和 $a + b$ とは、最初のベクトルの終点Bを新たな始点として、次のベクトルの終点を考えたとき、**全体としてどこからどこに進んでいるか**を意味します。

つまり、「A から出発して途中で B に寄り道をしても最後に C に着くなら、全体としては A から C に直接行くのと同じ」ということです。

これを数式で表現すると

$$\boldsymbol{a} + \boldsymbol{b} = \boldsymbol{c} \quad \text{または} \quad \overrightarrow{AB} + \overrightarrow{BC} = \overrightarrow{AC}$$

になります。これがベクトルの和を表す式になります。

次にこのベクトルの和を成分表示形式で考えてみます。

$$\boldsymbol{a} = (a_1, a_2)$$
$$\boldsymbol{b} = (b_1, b_2)$$

であるとすれば

$$\boldsymbol{c} = \boldsymbol{a} + \boldsymbol{b} = (a_1 + b_1, a_2 + b_2)$$

となることは、直感的にわかると思います。

つまり、成分表示で見た場合、**ベクトルの和とは成分同士の和を計算すればよい**ことになります。

この考え方は、3 次元やもっと一般的に n 次元であっても拡張できます。ベクトルの和の式を n 次元の成分表示に対して行うと

$$\boldsymbol{a} = (a_1, a_2, \cdots, a_n)$$
$$\boldsymbol{b} = (b_1, b_2, \cdots, b_n)$$

のときにベクトルの和は

$$\boldsymbol{c} = \boldsymbol{a} + \boldsymbol{b} = (a_1 + b_1, a_2 + b_2, \cdots, a_n + b_n)$$

の式で表せます。

3.2.2　ベクトルの差

今度は 2 つのベクトル $\boldsymbol{a}$ と $\boldsymbol{b}$ が与えられたとき、2 つのベクトルの差 $\boldsymbol{b} - \boldsymbol{a}$ がどうなるかを考えてみます。そのため、図 3-6 のように 2 つのベクトル $\boldsymbol{a}$ と

b を始点をそろえて書いてみます。

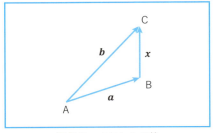

図 3-6　ベクトルの差

先ほどのベクトルの和の定義より $\overrightarrow{BC} = x$ とすると

$$a + x = b$$

が成り立つことがわかります。そこで

$$x = b - a$$

を**ベクトルの差**と定義することにします。

このようにベクトルの差を定義すると、成分表示では

$$a = (a_1, a_2)$$
$$b = (b_1, b_2)$$

であるとすれば、

$$x = b - a = (b_1 - a_1, b_2 - a_2)$$

となることは容易にわかります。

つまり、ベクトルの和の場合と同様に、成分表示で見た場合、**ベクトルの差とは成分同士の差を計算すればよい**ことになります。

また、この考えが 3 次元、n 次元にも拡張できることも簡単にわかって、その結果は次のようになります。

$$a = (a_1, a_2, \cdots, a_n)$$
$$b = (b_1, b_2, \cdots, b_n)$$

のときにベクトルの差は

$$x = b - a = (b_1 - a_1,\ b_2 - a_2\ \cdots,\ b_n - a_n)$$

と表されます。

3.2.3　ベクトルのスカラー倍

　ベクトルの「和」と「差」の次に、「積」に相当する「スカラー倍」について説明します。実はベクトルの積にはもう1つ「内積」と呼ばれるベクトル間の演算があるのですが、こちらは説明がやや複雑になるので、別途3.5節で詳しく説明します。これから説明する「スカラー倍」は「内積」と比べるとイメージを持ちやすい概念となっています。

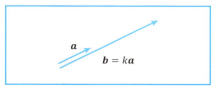

図 3-7　ベクトルのスカラー倍

　図 3-7 を見てください。a をあるベクトルとします。そのベクトルと**向きが同じで長さが k 倍のベクトル b をベクトルのスカラー倍**と呼び

$$b = ka$$

と表記します。

$$a = (a_1,\ a_2)$$

と成分表示で考えると

$$b = (ka_1,\ ka_2)$$

となることはすぐにわかると思います。

　また、n 次元の場合にも簡単に拡張できて

$$\bm{a} = (a_1, a_2, \cdots, a_n)$$

のときにベクトルのスカラー倍は

$$\bm{b} = (ka_1, \ ka_2, \ \cdots, \ ka_n)$$

となります。

3.3 長さ（絶対値）・距離

　ベクトルを扱うときに重要な量として「**長さ**」（絶対値）があります。また、「長さ」の考え方を応用することで2つのベクトル間の「**距離**」を定義することも可能です。本節ではn次元ベクトルの場合も含んだ上で、ベクトルの「長さ」と「距離」について調べます。

3.3.1 ベクトルの長さ（絶対値）

　成分表示で与えられている2次元ベクトル

$$\bm{a} = (a_1, \ a_2)$$

から、ベクトル$\bm{a}$の長さを求めてみます。

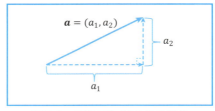

図 3-8　成分表示ベクトルの長さ

　図3-8を見てください。ベクトルの長さを$|\bm{a}|$で表すと、三平方の定理[1]より

$$|\bm{a}|^2 = a_1{}^2 + a_2{}^2$$

---

[1] 直角三角形の3辺の間で成り立つ公式で「ピタゴラスの定理」ともいいます。

となりますので、両辺のルートをとると

$$|\boldsymbol{a}| = \sqrt{a_1{}^2 + a_2{}^2}$$

で表せます。この式が成分表示の**2次元ベクトルの長さ（絶対値）の公式**になります（ベクトルの長さのことを**ベクトルの絶対値**ともいいます）。

それでは、3次元ベクトルでは長さ（絶対値）はどうなっているのでしょうか？それを考えるため、図3-9を見てください。

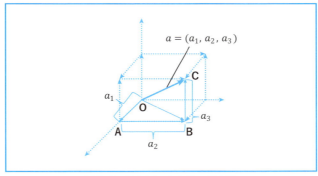

図3-9　3次元ベクトルの絶対値

この図で

$$\boldsymbol{a} = \overrightarrow{\mathrm{OC}} = (a_1, \ a_2, \ a_3)$$

のベクトルの長さ（絶対値）OCを計算することにします。三角形OABと三角形OBCはいずれも直角三角形です。両方の三角形に三平方の定理を当てはめると

$$\mathrm{OA}^2 + \mathrm{AB}^2 = \mathrm{OB}^2$$
$$\mathrm{OB}^2 + \mathrm{BC}^2 = \mathrm{OC}^2$$

が成り立ちます。この2つの式を合わせると次の式が成立します。

$$\mathrm{OA}^2 + \mathrm{AB}^2 + \mathrm{BC}^2 = \mathrm{OC}^2$$

$\mathrm{OA} = a_1$, $\mathrm{AB} = a_2$, $\mathrm{BC} = a_3$ ですので、結局

$$\mathrm{OC}^2 = a_1{}^2 + a_2{}^2 + a_3{}^2$$

となります。つまり

$$\mathrm{OC} = \sqrt{a_1{}^2 + a_2{}^2 + a_3{}^2}$$

が成り立ちます。ベクトルの長さ（絶対値）の表記法で書き直すと、以下の式になります。

$$|\boldsymbol{a}| = \sqrt{a_1{}^2 + a_2{}^2 + a_3{}^2}$$

これが 3 次元ベクトルの長さ（絶対値）の公式になります。

それでは、より一般化して n 次元ベクトルの場合、長さ（絶対値）はどうなるでしょうか？　もう、図に示せないですし、そもそも n 次元の場合、長さがどのようなものかもよくわからないのですが、2 次元と 3 次元の公式から、自然な拡張として

$$\boldsymbol{a} = (a_1, a_2, \cdots, a_n)$$

のときに長さ $|\boldsymbol{a}|$ について

$$|\boldsymbol{a}| = \sqrt{a_1{}^2 + a_2{}^2 + a_3{}^2 + \cdots + a_n{}^2}$$

となりそうなことは予想がつきます。

これが n 次元ベクトルのときの絶対値の公式[2]になります。

3.3.2　Σ記号の意味

ここで、**Σ記号**の説明もします。Σ記号とは上のような表現の式（複数の項目の和）を「$\cdots$」なしに厳密に表現するものです。

上の式のルートの内部の式

$$a_1{}^2 + a_2{}^2 + a_3{}^2 + \cdots + a_n{}^2$$

---

[2] n 次元ベクトルの場合、そもそも「長さ」が何かわからないので、「長さ」という言葉より「絶対値」という言葉を使う方が一般的です。

は、結局

「k の値を 1 から n まで変化させたときの、$a_k{}^2$ の値を全部足したもの」

になります。この日本語表現と同じことを数学的にはΣ記号を使って次のように表現します。

$$\sum_{k=1}^{n} a_k{}^2$$

n 次元ベクトル $\boldsymbol{a}$ の絶対値 $|\boldsymbol{a}|$ の公式をΣ記号を使って書き直すと以下のようになります。

$$|\boldsymbol{a}| = \sqrt{\sum_{k=1}^{n} a_k{}^2}$$

Σ記号を含んだ数式は慣れないと読みにくいのですが、機械学習では避けることはできないので少しずつ慣れるようにしてください。先ほどのようにΣ記号なしに展開した式を書いてみるとイメージが持ちやすくなるので、慣れないうちはそうするとよいでしょう。

3.3.3　ベクトル間の距離

次に 2 つのベクトル $\boldsymbol{a}$ と $\boldsymbol{b}$ の距離を考えてみましょう。この話は、今までの結果を全部まとめると簡単です。

結論から先にいうと**ベクトル $\boldsymbol{a}$ と $\boldsymbol{b}$ の差のベクトルの絶対値がベクトル間の距離**となります。

例えば、2 つの 2 次元ベクトルを成分表示して

$$\boldsymbol{a} = (a_1, a_2)$$
$$\boldsymbol{b} = (b_1, b_2)$$

と表記される場合、ベクトル $\boldsymbol{a}$ と $\boldsymbol{b}$ の距離 d は次の式で表せます。

$$d = |\boldsymbol{a} - \boldsymbol{b}| = \sqrt{(a_1 - b_1)^2 + (a_2 - b_2)^2}$$

次に 3 次元ベクトルに拡張して

$$\boldsymbol{a} = (a_1, a_2, a_3)$$
$$\boldsymbol{b} = (b_1, b_2, b_3)$$

とした場合は、ベクトル間の距離 d は次の式となります。

$$d = |\boldsymbol{a} - \boldsymbol{b}| = \sqrt{(a_1 - b_1)^2 + (a_2 - b_2)^2 + (a_3 - b_3)^2}$$

さらに n 次元に拡張して

$$\boldsymbol{a} = (a_1, a_2, \cdots, a_n)$$
$$\boldsymbol{b} = (b_1, b_2, \cdots, b_n)$$

のとき、2 つのベクトル間の距離 d が次の式で表されることは、もう簡単にわかるでしょう。

$$d = |\boldsymbol{a} - \boldsymbol{b}| = \sqrt{(a_1 - b_1)^2 + (a_2 - b_2)^2 + \cdots + (a_n - b_n)^2}$$
$$= \sqrt{\sum_{k=1}^{n} (a_k - b_k)^2}$$

3.4　三角関数

ここで突然三角関数の話が出てくるのは、次節の内積の話と密接な関係があるからです。本節では内積とのつながりも意識しながら、三角関数を復習します。

3.4.1　三角比

一般的な教科書に沿って、最初は三角比の定義から復習します。

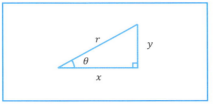

図 3-10　三角比の定義

図 3-10 を見てください。直角三角形は図の**内角 θ の値を固定するとすべて相似な形となる**ので、$\frac{x}{r}$ とか $\frac{y}{r}$ など、辺同士の比の値は一定になります。この時の辺の比の値を**三角比**と呼び、角度 θ の値によって決まるものとなります。具体的には、次の式で表されます。

$$\sin\theta = \frac{y}{r}$$

$$\cos\theta = \frac{x}{r}$$

$$\tan\theta = \frac{y}{x}$$

3.4.2　三角関数

三角比の定義では θ は直角三角形の内角となりうる 0°から 90°の間の値しかとれませんが、それ以外の θ の値でも三角比の値がわかるように定義を拡張します。

そこで図 3-10 の例で特に $r=1$ の場合を考えてみます。この場合、$\sin\theta = y$, $\cos\theta = x$ です。このことを利用して、図 3-11 のような半径 1、中心が原点の円（この円を**単位円**と呼びます）の**円周上の点**で、x 軸の正の向きからの角度が θ の点の **y 座標を** $\sin\theta$、**x 座標を** $\cos\theta$ と定義します。θ の値が 0°から 90°の間の範囲を動くときに、上の三角比における $\sin\theta$, $\cos\theta$ の定義と同じ結果になることはすぐに理解できると思います。

この新しい定義によれば、θ の値がマイナスでも 90°を超えた場合でも、定

義できます。このように**三角比の概念を拡張**したものが**三角関数**になります。

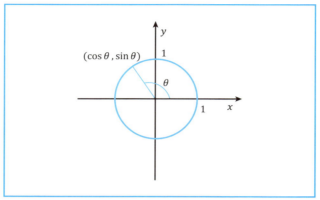

図 3-11　三角関数の定義

3.4.3　三角関数のグラフ

　前項で三角関数の定義ができたので、その結果に基づき、横軸を角度 θ、縦軸を三角関数の値とするグラフを書いてみます。

　結果は図 3-12、図 3-13 のようにきれいな波形になります。この曲線は正弦曲線またはサインカーブと呼ばれます。2 つの図を比較すればわかる通り $\sin\theta$ のグラフを平行移動すると $\cos\theta$ のグラフになります。

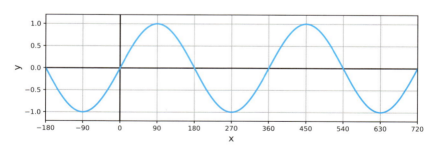

図 3-12　$y = \sin\theta$ のグラフ

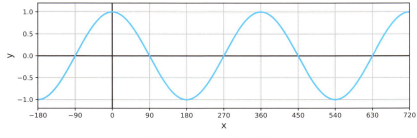

図 3-13　$y = \cos\theta$ のグラフ

3.4.4　直角三角形の辺を三角関数で表す

もう一度、図 3-10 と三角比の定義に戻ってください。$\sin\theta$, $\cos\theta$ の定義の式の両辺に r をかけると次の式が成り立つことがわかります。

$$x = r\cos\theta$$
$$y = r\sin\theta$$

この式は次節の内積のところで重要な意味を持つのでぜひ覚えておいてください。

3.5　内積

いよいよ内積の説明に入ります。3.2.3 項では、「スカラー倍」という形でベクトルのかけ算を定義しましたが、それと異なり、ベクトル間の演算として定義されたかけ算が内積になります。高校数学の中で、イメージが持ちにくい概念の 1 つですが、いつものように最初は 2 次元ベクトルを例に、図を活用して説明していきますので、しっかり理解してください。

3.5.1　絶対値による内積の定義

ベクトル $\boldsymbol{a}$ と $\boldsymbol{b}$ のなす角度を θ とするとき、次の式を 2 つの 2 次元ベクトル $\boldsymbol{a}, \boldsymbol{b}$ 間の内積として定義します。

$$a \cdot b = |a||b|\cos\theta$$

　この式だけ見ても内積にどのような意味があるのか、ピンとこないと思います。そこで、図 3-14 を見てください。

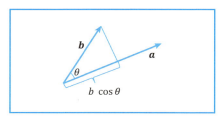

図 3-14　内積の図形的意味

　まず、ベクトル b の終点からベクトル a に向けて垂線の足を下ろします。

　$|b|\cos\theta$ とは、前節の最後で説明したように、この時にできる直角三角形の 1 辺の長さになります。言い換えると、ベクトル b を「ベクトル a と同じ向きの成分」と「それ以外の成分」に分解して考えたときに、**ベクトル a と同じ向きの成分の長さ**ともいうことが可能です。

　この場合、ベクトル a と b の内積とは、「**ベクトル a の長さと、ベクトル b のベクトル a と同じ向きの成分の長さをかけたもの**」といえます。

　内積の性質を別の観点から解釈するため、ベクトル b の長さ $|b|$ を一定にして、θ の値を変化させたとき（図 3-14 の 2 つのベクトルの始点を中心に、半径 $|b|$ の円周上を移動させるイメージ）、内積の値がどう変化するかを考えます。

　すると、表 3-1 のような結果になることがわかります。

表 3-1　角度 θ と内積の値の関係

θ の値	ベクトル a と b の関係	内積の値
0°	向きが完全に一致	最大値
90°	直交している	0
180°	ちょうど逆向き	最小値

　これは、内積の非常に重要な性質ですので、ぜひ覚えてください。

3.5.2 成分表示形式での内積の公式

前項で 2 つのベクトルの絶対値とそのなす角度により定義された内積ですが、2 つのベクトルを成分表示すると、次のような式でも表せます。

$$\boldsymbol{a} = (a_1, a_2)$$
$$\boldsymbol{b} = (b_1, b_2)$$

としたとき

$$\boldsymbol{a} \cdot \boldsymbol{b} = a_1 b_1 + a_2 b_2$$

なぜこの式が成り立つのか、これから確認してみます。その前提として、**内積の線形性**が成り立つことを直感的に理解しましょう。内積の線形性とは、任意のベクトル $\boldsymbol{a}, \boldsymbol{b}, \boldsymbol{c}$ に対して

$$\boldsymbol{a} \cdot (\boldsymbol{b} + \boldsymbol{c}) = \boldsymbol{a} \cdot \boldsymbol{b} + \boldsymbol{a} \cdot \boldsymbol{c}$$

が成り立つことをいいます。

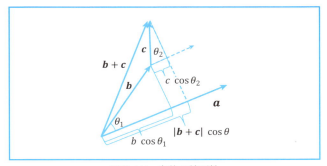

図 3-15 内積の線形性

図 3-15 を見てください。上の式が成り立つということは、前に説明した内容から

($\boldsymbol{b} + \boldsymbol{c}$ というベクトルのベクトル $\boldsymbol{a}$ と同じ向きの成分)
= (ベクトル $\boldsymbol{b}$ のベクトル $\boldsymbol{a}$ と同じ向きの成分) +
 (ベクトル $\boldsymbol{c}$ のベクトル $\boldsymbol{a}$ と同じ向きの成分)

と同じことであり、このことは図を見ても正しそうなことがわかります。

もしこの線形性が正しいとした場合
$$\bm{a} = (a_1, a_2)$$
$$\bm{b} = (b_1, b_2)$$
の2つのベクトルを次のように分解して考えます。
$$\bm{a}_1 = (a_1, 0)$$
$$\bm{a}_2 = (0, a_2)$$
$$\bm{b}_1 = (b_1, 0)$$
$$\bm{b}_2 = (0, b_2)$$
すると
$$\bm{a} = \bm{a}_1 + \bm{a}_2$$
$$\bm{b} = \bm{b}_1 + \bm{b}_2$$
と表せますので
$$\bm{a} \cdot \bm{b} = (\bm{a}_1 + \bm{a}_2) \cdot (\bm{b}_1 + \bm{b}_2)$$
となります。ここで線形性の性質を利用すると
$$\bm{a} \cdot \bm{b} = \bm{a}_1 \cdot \bm{b}_1 + \bm{a}_1 \cdot \bm{b}_2 + \bm{a}_2 \cdot \bm{b}_1 + \bm{a}_2 \cdot \bm{b}_2$$
となります。

$\bm{a}_1 \cdot \bm{b}_2$ と $\bm{a}_2 \cdot \bm{b}_1$ については、2つのベクトルが直交しているので値は0です。$\bm{a}_1 \cdot \bm{b}_1$ については、向きが同じなので、$a_1 b_1$ になることがわかります。$\bm{a}_2 \cdot \bm{b}_2$ についても同様に、$a_2 b_2$ になります。

以上の結果をまとめると
$$\bm{a} \cdot \bm{b} = a_1 b_1 + a_2 b_2$$
が成り立つことがわかります。これが **2次元ベクトルでの成分表示に対する内積の公式** となります。

次に 3 次元ベクトルでどうなるかを考えてみます。

$$\boldsymbol{a} = (a_1, a_2, a_3)$$
$$\boldsymbol{b} = (b_1, b_2, b_3)$$

であるとします。

2 次元の説明で使った内積の線形性については 3 次元でも成り立ちそうです。そこで、2 次元の場合と同様に

$$\boldsymbol{a}_1 = (a_1, 0, 0)$$
$$\boldsymbol{a}_2 = (0, a_2, 0)$$
$$\boldsymbol{a}_3 = (0, 0, a_3)$$
$$\boldsymbol{b}_1 = (b_1, 0, 0)$$
$$\boldsymbol{b}_2 = (0, b_2, 0)$$
$$\boldsymbol{b}_3 = (0, 0, b_3)$$

とすると、次の式が成り立ちます。

$$\boldsymbol{a} = \boldsymbol{a}_1 + \boldsymbol{a}_2 + \boldsymbol{a}_3$$
$$\boldsymbol{b} = \boldsymbol{b}_1 + \boldsymbol{b}_2 + \boldsymbol{b}_3$$

ここで、2 次元ベクトルの場合と同様に、内積の線形性の性質を利用して展開すると、結局

$$\boldsymbol{a} \cdot \boldsymbol{b} = a_1 b_1 + a_2 b_2 + a_3 b_3$$

となることがわかります。

ここまでくると、n 次元への拡張は簡単です。

$$\boldsymbol{a} = (a_1, a_2, \cdots, a_n)$$
$$\boldsymbol{b} = (b_1, b_2, \cdots, b_n)$$

のときに

$$\boldsymbol{a} \cdot \boldsymbol{b} = a_1 b_1 + a_2 b_2 + \cdots + a_n b_n = \sum_{k=1}^{n} a_k b_k$$

となります。これが n 次元ベクトル成分表示における内積の公式です。

3.6 コサイン類似度

3.6.1 2次元ベクトル間のなす角度

2つの2次元ベクトルが

$$\boldsymbol{a} = (a_1, a_2)$$
$$\boldsymbol{b} = (b_1, b_2)$$

と成分表示で表されているとき、この2つのベクトル間の角度 θ を求めるという問題があったとします。

この問題は、前節で結論として得られた

$$\boldsymbol{a} \cdot \boldsymbol{b} = |\boldsymbol{a}||\boldsymbol{b}| \cos \theta = a_1 b_1 + a_2 b_2$$

の公式を使うと簡単に解けます。

上の式を $\cos \theta =$ の形に書き直せばいいのです。具体的には次のようになります。最後のベクトルの絶対値を成分表示に書き直す式変形には 3.3.1 項の結果を使っています。

$$\cos \theta = \frac{a_1 b_1 + a_2 b_2}{|\boldsymbol{a}||\boldsymbol{b}|} = \frac{a_1 b_1 + a_2 b_2}{\sqrt{a_1{}^2 + a_2{}^2} \sqrt{b_1{}^2 + b_2{}^2}}$$

$\cos \theta$ の値から θ を求めるには $\arccos(x)$ という関数（逆余弦関数[3]）を使えばよいので、これで成分表示の2次元ベクトルから2つのベクトルのなす角度を求められるとわかります。

3次元ベクトル間のなす角度

同様にして、成分表示の3次元ベクトル間のなす角度も次の式で求めることが可能です。

---

[3] 関数 $\cos(x)$ のことを余弦関数とも呼びます。逆余弦関数とは $\cos(x)$ の逆関数のことです。

$$\cos\theta = \frac{a_1 b_1 + a_2 b_2 + a_3 b_3}{\sqrt{a_1{}^2 + a_2{}^2 + a_3{}^2}\sqrt{b_1{}^2 + b_2{}^2 + b_3{}^2}}$$

3.6.2 コサイン類似度

いままでと同様に、この公式を n 次元に拡張することは簡単です。その結果は次の形になります。

$$\cos\theta = \frac{a_1 b_1 + a_2 b_2 + \cdots + a_n b_n}{\sqrt{a_1{}^2 + a_2{}^2 + \cdots + a_n{}^2}\sqrt{b_1{}^2 + b_2{}^2 + \cdots + b_n{}^2}} = \frac{\sum_{k=1}^{n} a_k b_k}{\sqrt{\sum_{k=1}^{n} a_k{}^2}\sqrt{\sum_{k=1}^{n} b_k{}^2}}$$

形式的にはこの通りなのですが、問題は「4 次元以上のときの 2 つのベクトルのなす角度とは何か」です。なにしろ、実際のベクトルを見ることはできないので、角度とはそもそもなんであるかもイメージできないわけです。

しかし、次元が 100 次元であっても、この式でコサインっぽいものが出せることは確かで、少なくともこの式で求めた値が 1 に近い場合、「2 つのベクトルの向きは近い」ということがいえそうです。

そこで、多次元ベクトルを対象に上の $\cos\theta$ の値に該当する計算をした場合、その値を**コサイン類似度**と呼びます。

コサイン類似度は、ベクトル間の向きの近さを示す指標として実際によく使われています。

> **コラム　コサイン類似度の応用例**
>
> N 次元のベクトル同士がどの程度近くにあるのか調べたいという話は、AI の世界で非常によく出てきます。そして、そのときに活用されるのが、本節で説明した「コサイン類似度」という指標です。その実例を 2 つ紹介します。
>
> 最初の例は **Word2Vec** の応用です。

Word2Vecとは近年脚光を浴びているテキスト分析の手法で、「近くにある単語は互いに関連性がある」ということだけを前提として大量のテキストデータを学習させ、単語と100次元程度の数値ベクトルの対応表を作る仕組みです。

　この結果、作られた数値ベクトルは非常に面白い性質を持っており、有名な例として

（「王」を表す数値ベクトル）－（「女王」を表す数値ベクトル）≒
（「男」を表す数値ベクトル）－（「女」を表す数値ベクトル）

のような結果が得られることがわかっています。

　要はその言語を構成する主要な単語が、数値ベクトルとしてきれいに表現されているのです。

　このような数値ベクトルを入力とすることで、「ある単語と似た単語」を見つけることが可能です。ここで使われているアルゴリズムがコサイン類似度なのです。

　もう1つ米IBM社のAI機能を実現しているAPIの1つである、**Personality Insights** の例を紹介します。このAPIは、ツイッターのつぶやきなど、対象とする人の書いたテキスト文を入力として、Big5などの心理学テストの結果で得られるものと同等の数値情報をその人の特性として出力します。結果は5次元の数値ベクトルですので、人と人の相性をコサイン類似度で数値的に評価することが可能になるのです。自分とだれかの相性を確認してみたい場合、2人のPersonality Insightsの結果から、コサイン類似度を計算してみると面白いかもしれません。

3.7　行列と行列演算

　本節では、ベクトルの概念の拡張である「行列」と、「行列」「ベクトル」間のかけ算について説明します。この領域は数学では「線形代数」と呼ばれる領域で、本来は「逆行列」「固有値」「固有ベクトル」をはじめとした数多くの概念・公式・定理が存在します。しかし、本書が目標とする「最短コースでディープラーニングのアルゴリズムを理解する」という観点では、これらの概念・公式・定理は不要なので、最低限の話に限定している点をご理解ください。

3.7.1　1出力ノードの内積表現

図 3-16 を見てください。

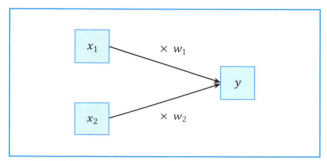

図 3-16　2 入力ノード、1 出力ノードのネットワーク

これは、x_1 と x_2 を入力とする機械学習モデルを模式的に示したもので、出力変数 y は次の式で計算されることを示しています。

$$y = w_1 x_1 + w_2 x_2 \tag{3.7.1}$$

このように、入力側のノードに係数をかけ、その結果を足して次ノードの値にすることは、機械学習、ディープラーニングでは非常によく行われます。

このような場合、(3.7.1) 式の右辺は、2 つのベクトル $\bm{w} = (w_1,\ w_2)$、$\bm{x} = (x_1,\ x_2)$ の内積と見ることも可能です。すると、3.7.1 式は次のように書き換えられます。

$$y = \bm{w} \cdot \bm{x} \tag{3.7.2}$$

このように書き換えると、数式をシンプルに表現できることがメリットです。それ以外にも、Python はこのようなベクトル演算（内積）に対応した関数があるので、プログラム上もシンプルに実装できるメリットがあります。具体的な例は 7 章以降の実践編で出てくることになります。

3.7.2　3 出力ノードの行列積表現

図 3-17 を見てください。2 入力ノードは図 3-16 と同じなのですが、今度は

出力が3ノードになりました。このネットワーク構造は、9章で紹介する多値分類で実際に必要となるものです。

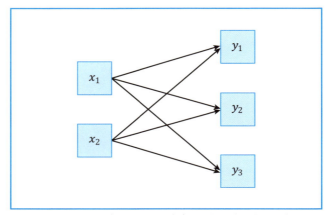

図 3-17　2入力ノード、3出力ノードのネットワーク

この時、重みを表すパラメータは $2 \times 3 = 6$ で6個必要ですが、1次元に要素の番号を振ると非常にわかりにくくなります。そこで、重み w の添え字を2次元にする考えが出てきます。

具体的には (3.7.1) に該当する式は次のようになります。

$$
\begin{aligned}
y_1 &= w_{11}x_1 + w_{12}x_2 \\
y_2 &= w_{21}x_1 + w_{22}x_2 \\
y_3 &= w_{31}x_1 + w_{32}x_2
\end{aligned}
\tag{3.7.3}
$$

この w のように**要素の添え字が2次元でタテとヨコに広がりを持つデータ表現**のことを**行列**といいます（1次元の広がりを持つ場合がベクトルです）。ベクトル同様に行列を成分表示すると次のようになります[4]。

$$
W = \begin{pmatrix} w_{11} & w_{12} \\ w_{21} & w_{22} \\ w_{31} & w_{32} \end{pmatrix}
$$

行列の定義を使って、**行列とベクトルの積**を定義できます。例えば

---

[4] 行列全体を変数で表す場合は、この例のように大文字を使うことが多いです。

$$\boldsymbol{x} = \begin{pmatrix} x_1 \\ x_2 \end{pmatrix}$$

というベクトルと、行列 W との間で次のような形で積を定義します。

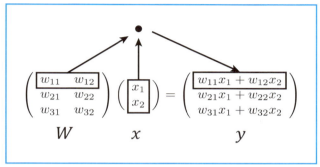

図 3-18　行列とベクトルの積

　計算のポイントは、左側の行列に対してはヨコの列（これを「行」といいます）、右側のベクトルはタテの列（これを「列」といいます）で分割して、分割した四角の枠の値同士で内積を計算することです。
　これが行列とベクトルの積の計算方法になります。

　上の例の場合、行列全体を変数 $\boldsymbol{W}$ で、ベクトルを $\boldsymbol{x}$ で表しています。この場合、(3.7.3)式は、出力ベクトルである $(y_1,\ y_2,\ y_3)$ を $\boldsymbol{y}$ で表すと、次のように書き換えられます。

$$\boldsymbol{y} = \boldsymbol{W}\boldsymbol{x} \qquad (3.7.4)$$

　Python では行列とベクトルの積を表す(3.7.4)も簡潔に実装できます。その具体的な方法については、7 章以降の実践編で説明することになります。

Chapter 4

多変数関数の微分

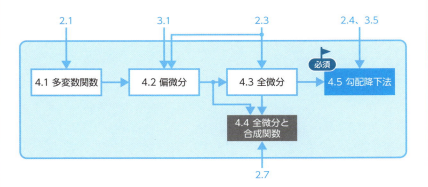

Chapter 4 多変数関数の微分

1章では、単回帰と呼ばれる1変数を入力として予測をするモデルについて説明し、高校1年レベルの数学で解けることを示しました。しかし、機械学習モデル・ディープラーニングモデルでは、このような入力変数が1つしかないケースはまれです。通常は「身長」「胸囲」から「体重」を予測するように、**複数の入力値から予測する**ことになります。

その場合、1章で説明した損失関数には複数のパラメータ（学習フェーズの関数として見た場合は変数）が出てくることになります。そのため、機械学習モデル・ディープラーニングモデルでは複数の変数を持つ関数、つまり**多変数関数**とその微分を取り扱うことが必須になります。

そこで本章では、2章で説明した1変数関数とその微分の概念を多変数関数に拡張します。多変数関数に拡張された微分は**偏微分**と呼ばれています。偏微分ではベクトルの概念も出てくるため、前章で解説した内容も理解のために必要です。

本章の最後では「**勾配降下法**」を解説します。ディープラーニングの本を読んだ人なら誰でも一度はこの言葉を聞いたことがあると思います。この勾配降下法を理解するのに、偏微分という概念が欠かせないのです。

一見難解な数式が登場しますが、この数式は今までの章で微分とベクトルの基本を理解できた読者にとっては、それほど難しい話ではありません。基礎概念から順を追って説明しますので、しっかり理解してください。

4.1 多変数関数

今まで説明してきた関数は、1つの変数 x を入力すると1つの数値が出力される箱（ブラックボックス）でした。

図4-1　1変数関数

本章ではこの考えを拡張して入力の変数を複数にします。

2変数関数の場合

最初に2変数の場合を考えます。図4-2に2変数関数の模式図を示しました。入力値は$(-1, 1)$や$(0, 2)$など、2つの数値の組となり、出力値は1つの数値になります[1]。図4-1にならって図4-2でも一番下の行に種明かしの式を記載しておきました。上の2つの数値を入力したときに、このルールに従って出力されていることを確認してください。

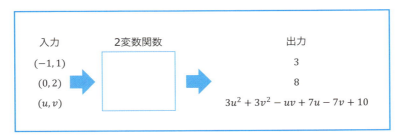

図4-2　2変数関数

次に2変数関数のグラフを考えてみます。変数が2つになるとグラフも2次元では表現できません。そこで3次元のグラフで表現することになります。

図4-3左に2変数関数[2] $L(u, v) = 3u^2 + 3v^2 - uv + 7u - 7v + 10$の3次元グラフを描画した例を示します。1変数関数のグラフは曲線でしたが、2変数関数のグラフは3次元空間内の曲面になることがわかります。

---

[1] x: 入力、y: 出力という文字の使い方は多変数になっても多い（この場合xはベクトルになる）ので、混乱しないよう、本章では入力変数にuとvを使うことにします。

[2] 本書で今後扱う多変数関数のほとんどが損失関数であり、損失関数はLossの頭文字をとってLとすることが多いです。このことから、2変数関数を$L(u, v)$で表すことにします。

図 4-3 右には、地図のように等高線表示したグラフも示しておきます。

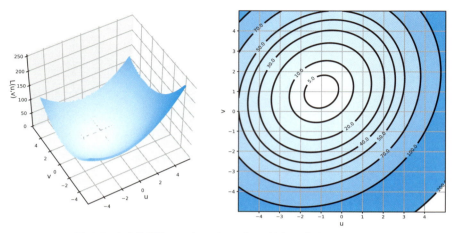

図 4-3　2 変数関数の 3 次元グラフ表示（左）と等高線表示（右）

多変数関数への拡張

今説明した 2 変数関数の考え方は、3 変数に拡張することが可能です。その場合の関数の式は例えば次のようになります。

$$L(u, v, w) = 3u^2 + 3v^2 + 3w^2 - uv + uw + 7u - 7v - 7w + 10$$

同じ考え方はさらに N 変数に拡張できることもわかると思います。

4.2　偏微分

前節で説明した多変数関数に対して微分することを考えます。

変数が複数あるままだと、変化の様子を捉えるのが難しくなります。そこで複数ある変数のうち、1 つの変数だけが変化するものとして、残りの変数を定数とみなす方法が考えられました。これが**偏微分**と呼ばれる方法になります。

2 変数関数の場合

偏微分についてもまず、2 変数関数の場合で考えてみましょう。偏微分の表記法としてよく用いられるのが、2 変数関数 $L(u, v)$ に対して

$$\frac{\partial}{\partial u}L(u,v) \quad \text{または} \quad \frac{\partial L}{\partial u}$$

という書き方です。後者は前者を省略した記法となります。文字「d」と「∂」との使い分けですが、2章のような1変数関数の微分（偏微分に対して常微分という言い方をすることがあります）の場合は「d」を、本章のような多変数関数の微分（偏微分）の場合は「∂」を使います。

しかしこの記法は、1変数の微分表記と比べてもちょっとおどろおどろしいところがあり、理解のハードルを上げてしまいそうです。そこで、本書の初めの方はできる限り別の表記法である

$$L_u(u,\ v) \quad \text{または} \quad L_u$$

を使うことにします。この場合も後者は前者の略記法となります[3]。

早速この表記法を使って、2変数関数

$$L(u,\ v) = 3u^2 + 3v^2 - uv + 7u - 7v + 10$$

の偏微分を計算してみましょう。微分の対象以外の変数を定数として扱ってよいので

$$L_u(u,\ v) = 6u - v + 7$$
$$L_v(u,\ v) = 6v - u - 7$$

となることは簡単にわかると思います。

今計算した偏微分が、図4-3で描いてみた3次元のグラフの中でどういう意味を持つかを考えてみます。例えば、$(u,\ v) = (0,\ 0)$ における偏微分の値 $L_u(0,\ 0)$（上の計算結果を使うと7になります）とは、グラフ上どういう意味があるのでしょうか？

このuの偏微分を計算する際には、vの値は$v = 0$で固定されています。これは、3次元グラフでいうと元の曲面を$v = 0$という平面で切断したときの切り口にあたるグラフを意味します（図4-4）。

---

[3] ただし、数式が複雑になる4.4節以降は徐々に前者の表記法を使用するようになります。この表記法でつまずいた読者は本節に戻って、この表記法にも慣れるようにしてください。

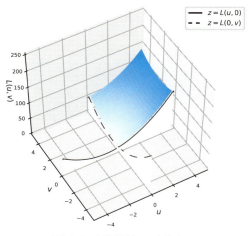

図 4-4　3 次元グラフと切り口

つまり、関数は $L(u, 0) = 3u^2 + 7u + 10$ という 1 変数関数になります。それで、偏微分 $L_u(0, 0)$ とは、関数を表す**曲面を平面 $v = 0$ で切断したときの切り口**である **1 変数関数 $3u^2 + 7u + 10$ のグラフの $u = 0$ における傾き**を意味することになります。

同様に、もう 1 つの偏微分 $L_v(0, 0)$ は、**曲面を平面 $u = 0$ で切断したときの切り口で示されるグラフの $v = 0$ における傾き**となります。

多変数関数への拡張

偏微分に関しても、同じ考えを 3 変数、N 変数に拡張できます。この場合も今まで同様、注目している以外の変数はすべて固定して考えます。例として、先ほど扱った 3 変数関数の偏微分を計算してみると、次のようになります。

$$L(u, v, w) = 3u^2 + 3v^2 + 3w^2 - uv + uw + 7u - 7v - 7w + 10$$

$$L_u(u, v, w) = 6u - v + w + 7$$
$$L_v(u, v, w) = 6v - u - 7$$
$$L_w(u, v, w) = 6w + u - 7$$

4.3 全微分

次に、多変数関数で、元の入力変数を少しだけ変化させたとき、関数値がどの程度変化するかを考えます。2.3節で示した(2.3.1)にあたる式の多変数関数版を作ることが目的です。このように、多変数関数で関数値の微小な変化を調べることを**全微分**といいます。

2変数関数の全微分

例によって最初に2変数関数の場合から考えてみましょう。u と v をほんの少しだけ $((u, v) \to (u + du, v + dv))$ 変化させたとき、関数 $L(u, v)$ の値がどの程度変化するかを考えます。

微分の概念を説明したとき、微分とは結局、**関数のグラフを無限に拡大すると限りなく直線に近づく性質を使って関数の変化の様子を捉えること**と説明しました。

同じアプローチを図4-3で示した3次元のグラフに対してとってみます。想像がつく通り、**曲面のグラフを無限に拡大していくと、限りなく平面に近づきます**。そこで、曲面が平面だと簡略化して考えたときに、$L(u + du, v + dv)$ と $L(u, v)$ の差がどの程度あるのかを考えてみます。

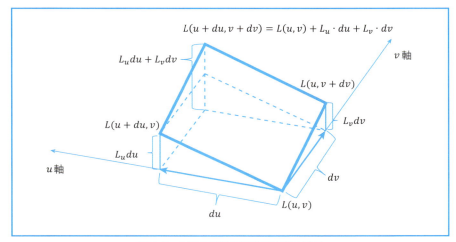

図 4-5　2変数関数の微少量変化の様子

図 4-5 がその様子を模式的に描いたものです。dx が微少量の場合、2.3.2 項の (2.3.1) で示したように 1 変数関数 $f(x)$ の変化は次のように表せます。

$$f(x+dx) \fallingdotseq f(x) + f'(x)dx$$

このことを 2 変数関数に適用してみます。片方の変数を固定した状態でもう片方の変数を微少量だけ変化させた場合の関数値の変化は、前節で説明した通り偏微分によって表せます。具体的には、次の式になります。

$$L(u+du, v) \fallingdotseq L(u,v) + L_u(u,v)du$$
$$L(u, v+dv) \fallingdotseq L(u,v) + L_v(u,v)dv$$

すると、図の太線の四角形は同一平面上にある平行四辺形なので[4]

$$L(u+du, v+dv) \fallingdotseq L(u,v) + L_u(u,v)du + L_v(u,v)dv$$

となっていることがわかります。

結局、本節の冒頭で設定した問題
「u と v をほんの少し変化させたとき $((u, v) \to (u+du, v+dv))$、関数の $L(u, v)$ の値がどの程度変化するか」
の答えは

$$L(u+du, v+dv) - L(u,v) \fallingdotseq L_u(u,v)du + L_v(u,v)dv \qquad (4.3.1)$$

で表されます。

この式の左辺は (u, v) を微少量 (du, dv) 変化させたときの L の値の変化なので dL で表せます。この dL を使って (4.3.1) を書き換えると

$$dL = L_u du + L_v dv \qquad (4.3.2)$$

あるいは前節の冒頭で説明した、よく使われる表記法に戻すと

$$dL = \frac{\partial L}{\partial u}du + \frac{\partial L}{\partial v}dv \qquad (4.3.3)$$

---

[4] 先ほど説明したように「無限に拡大した曲面は平面になるはずである」という直感的な話が、以下の議論の前提となっています。

という式が成り立ちます。

これが、大学教養課程の教科書に出てくる全微分の公式です[5]。

多変数関数への拡張

この公式は損失関数が 3 変数、あるいは N 変数の場合でも簡単に拡張可能です。ここからは N 変数の場合でも対応できるよう、偏微分記号で表記します。

3 変数関数の場合

元の関数：$L(u, v, w)$

全微分の式：

$$dL = \frac{\partial L}{\partial u}du + \frac{\partial L}{\partial v}dv + \frac{\partial L}{\partial w}dw$$

N 変数関数の場合

元の関数：$L(w_1, w_2, \cdots, w_N)$

全微分の式：

$$dL = \frac{\partial L}{\partial w_1}dw_1 + \frac{\partial L}{\partial w_2}dw_2 + \cdots + \frac{\partial L}{\partial w_N}dw_N = \sum_{i=1}^{N}\frac{\partial L}{\partial w_i}dw_i$$

4.4 全微分と合成関数

2.7 節では次の合成関数の微分の公式について説明しました。

$$\frac{dy}{dx} = \frac{dy}{du} \cdot \frac{du}{dx} \tag{2.7.1}$$

この (2.7.1) の公式と前節の全微分を組み合わせたパターンで、微分の公式がどうなるかを調べてみます。このパターンの微分計算は機械学習・ディープラーニングでは非常によく出てくるものなので、ぜひ理解してください。

---

[5] 大学の教科書ではもっと難しく説明されていると思いますが、ディープラーニングで出てくる微分を理解する分には、このレベルを押さえておけば十分です。

中間変数 u がベクトルの場合

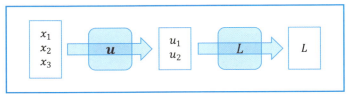

図 4-6 例題の設定

図 4-6 を見てください。この図はこれから考える例題の設定を模式的に示したものです。

3 つの変数 x_1, x_2, x_3 をこの関数への入力とします。3 つの変数は多変数関数により、u_1, u_2 という 2 つの中間変数に変換されます。さらに u_1, u_2 という中間変数は $L(u_1, u_2)$ という関数により最終的に L という値になります。

このような条件の場合に、「**L を x_1 で偏微分した結果がどうなるか**」を知ることが本節の主題です。ここでは合成関数の微分の話と全微分の話を組み合わせて考える必要が出てきます。

図 4-6 の設定を数式で示すと次のようになります。

$$u_1 = u_1(x_1, x_2, x_3)$$
$$u_2 = u_2(x_1, x_2, x_3)$$
$$L = L(u_1, u_2)$$

あるいは、$\boldsymbol{x} = (x_1, x_2, x_3)$, $\boldsymbol{u} = (u_1, u_2)$ のようなベクトル $\boldsymbol{x}$ と $\boldsymbol{u}$ を用いると、次のような数式になります（$\boldsymbol{u}(\boldsymbol{x})$ のように結果がベクトルになる関数をベクトル値関数と呼ぶことがあります）。

$$\boldsymbol{u} = \boldsymbol{u}(\boldsymbol{x})$$
$$L = L(\boldsymbol{u})$$

合成関数の考え方により L は x_1, x_2, x_3 の関数 $L(x_1, x_2, x_3)$ だと考えられます。このような条件のとき、L を x_1 で偏微分した結果が u_1, u_2, L を使ってどのように表されるかが、これから計算により求めたいことになります（その結果が(4.4.2)です）。

そこでまず、前節で導出した全微分の公式を、u_1, u_2 と L の間に適用します。L は u_1 と u_2 の関数なので全微分の公式により

$$dL = \frac{\partial L}{\partial u_1}du_1 + \frac{\partial L}{\partial u_2}du_2 \tag{4.4.1}$$

この両辺を形式的に「∂x_1 で割る」ことにより x_1 で偏微分をします。すると、次の式が成立します[6]。

$$\frac{\partial L}{\partial x_1} = \frac{\partial L}{\partial u_1}\frac{\partial u_1}{\partial x_1} + \frac{\partial L}{\partial u_2}\frac{\partial u_2}{\partial x_1} \tag{4.4.2}$$

(4.4.2)が、元の関数 L を合成関数 $L(x_1,\ x_2,\ x_3)$ と見たとき、L を x_1 で偏微分した結果となります。これだけでは抽象的で意味がわかりにくいので、次のような具体的な関数で実際に偏微分の計算をしてみましょう。

$$u_1(x_1,\ x_2,\ x_3) = w_{11}x_1 + w_{12}x_2 + w_{13}x_3$$
$$u_2(x_1,\ x_2,\ x_3) = w_{21}x_1 + w_{22}x_2 + w_{23}x_3$$
$$L(u_1,\ u_2) = u_1{}^2 + u_2{}^2$$

(4.4.2)の計算で必要なそれぞれの偏微分の計算結果は次の通りです。

$$\begin{aligned}\frac{\partial L}{\partial u_1} &= 2u_1 \\ \frac{\partial L}{\partial u_2} &= 2u_2 \\ \frac{\partial u_1}{\partial x_1} &= w_{11} \\ \frac{\partial u_2}{\partial x_1} &= w_{21}\end{aligned} \tag{4.4.3}$$

(4.4.3)の偏微分の計算結果を(4.4.2)に戻すと、次のような結果が得られます。

---

[6] ここでは非常に直感的な議論をしています。(4.4.2)が成立することは、厳密には数学的な証明が必要ですが、分数の割り算との類推から直感的にはイメージが持てることなので、それ以上の深入りはここではしないことにします。

$$\frac{\partial L}{\partial x_1} = \frac{\partial L}{\partial u_1}\frac{\partial u_1}{\partial x_1} + \frac{\partial L}{\partial u_2}\frac{\partial u_2}{\partial x_1} = 2u_1 \cdot w_{11} + 2u_2 \cdot w_{21} = 2(u_1 \cdot w_{11} + u_2 \cdot w_{21})$$

これで、この例題で L を x_1 で偏微分した場合の結果が得られました。

話を(4.4.2)の公式に戻します。(4.4.2)の式を x_2, x_3 の場合にも使えるよう一般化すると次のようになります。

$$\frac{\partial L}{\partial x_i} = \frac{\partial L}{\partial u_1}\frac{\partial u_1}{\partial x_i} + \frac{\partial L}{\partial u_2}\frac{\partial u_2}{\partial x_i} \tag{4.4.4}$$
$$i = 1,\ 2,\ 3$$

さらに、これを u_1, u_2, $\cdots$, u_N の N 変数関数の場合に一般化します。すると結果は次のようになります。

$$\frac{\partial L}{\partial x_i} = \frac{\partial L}{\partial u_1}\frac{\partial u_1}{\partial x_i} + \frac{\partial L}{\partial u_2}\frac{\partial u_2}{\partial x_i} + \cdots + \frac{\partial L}{\partial u_N}\frac{\partial u_N}{\partial x_i} = \sum_{j=1}^{N} \frac{\partial L}{\partial u_j}\frac{\partial u_j}{\partial x_i} \tag{4.4.5}$$

このパターンの偏微分の計算は実践編に非常によく出てきますので、ぜひ覚えてください。

中間変数 u が 1 次元(スカラー)の場合

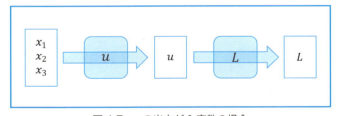

図 4-7　u の出力が 1 変数の場合

図 4-7 を見てください。これは、図 4-6 の例題で特に u の出力がベクトルでなく 1 次元の値(スカラー値)をとる場合を示しています。このような合成関数のパターンも実践編で出てきますので、公式として確認しておきます。

まず L と u の関係は 1 変数関数なので、先ほどの(4.4.1)にあたる出発点の

式は偏微分ではなく、次のような常微分の式となります。

$$dL = \frac{dL}{du} \cdot du \tag{4.4.6}$$

(4.4.6)を先ほどと同様に形式的に「∂x_1で割る」と次のようになります。

$$\frac{\partial L}{\partial x_1} = \frac{dL}{du} \cdot \frac{\partial u}{\partial x_1}$$

この式をx_iで一般化すると次の形になります。

$$\frac{\partial L}{\partial x_i} = \frac{dL}{du} \cdot \frac{\partial u}{\partial x_i} \tag{4.4.7}$$

4.5 勾配降下法

それでは、いよいよ本章の最終的な主題である勾配降下法の説明に入ります。このアルゴリズムの目的は次のようになります。

> ある2変数関数$L(u, v)$が与えられたとき、$L(u, v)$の値を最小にするような(u, v)の値(u_{min}, v_{min})を求めたい。

この目的を実現するために、次のようなことをします。
(1) (u, v)の初期値(u_0, v_0)を1つ定める。
(2) この点から、$L(u, v)$を一番大きく減少させる方向を見つける。
(3) (2)の向きに合わせて、微少量だけ(u_0, v_0)の値を変化させ、この値を(u_1, v_1)とする。
(4) 新しい点(u_1, v_1)を基に(2)、(3)の処理を繰り返す[7]。

---

[7] 今までの説明で下付きの添え字は、ベクトルの成分を区別するのに使っていましたが、本節では繰り返し処理をする際の、何度目の処理の座標かを示しています。「点(u_0, v_0)の値を使って点(u_1, v_1)の値を計算する」というイメージです。添え字の意味がまったく異なるので違いを意識しながら読み進めてください。

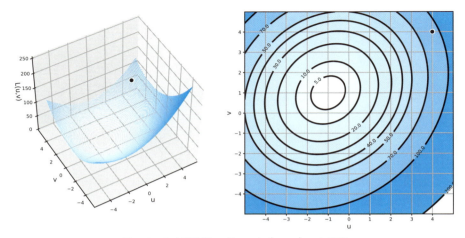

図 4-8 2 変数関数のグラフと (u, v) の初期値

　この繰り返し計算では、(u, v) という2次元の中で点が移動するので、移動量は 3.1 節で説明した「ベクトル」であると考えられます。
　3.1 節で説明したようにベクトルは「向き」と「大きさ」を持つ量です。上の話をベクトルの言葉で置き換えると
　(2)は移動量を表す**ベクトルの「向き」**を決める問題…(A)
　(3)は移動量を表す**ベクトルの「大きさ」**を決める問題…(B)
となります。
　この2つの問題をどうするのかが気になりますが、その点は後ほど考えます。まずは、図 4-8 で示した (u, v) 座標上の点に対して、このような処理を繰り返すと、どのような結果になるか図で示しますので、イメージを持つようにしてください。

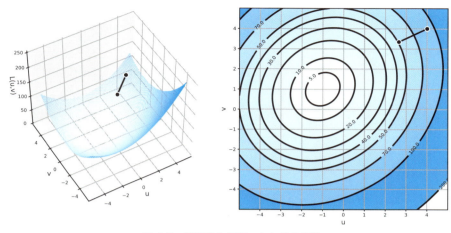

図 4-9　処理を 1 回行ったときの状況

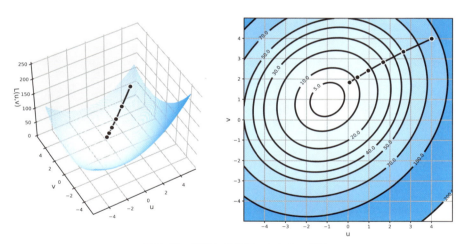

図 4-10　処理を 5 回行ったときの状況

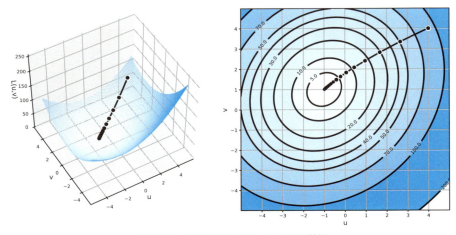

図 4-11　処理を 20 回行ったときの状況

　少しずつお椀の底に近づいていくような、繰り返し処理のイメージはなんとなく持てたと思います。以上の一連の図で示した繰り返し処理のことを**勾配降下法**と呼びます。

　また、このような処理がうまく進むためには、先ほどいったん保留とした

(A)の**移動量ベクトルの向き**をどうするか
(B)の**移動量ベクトルの大きさ**をどうするか

が非常に重要なポイントであることも想像がついたのではないでしょうか。

　まず(A)の点について数学的に考えてみます。現在、上で説明した繰り返し処理が k 回終わって、$(u, v) = (u_k, v_k)$ の位置にいると仮定します。この時、(A)の問題は、**次の点 (u_{k+1}, v_{k+1}) に移動するために、(u_k, v_k) からどのような向きに移動したらよいか**という話になります。

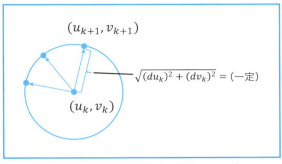

図4-12　繰り返し処理中の移動イメージ

ここで、次のステップへの移動量は微少量であるという前提を加えます。さらに移動量の大きさ、つまり $\sqrt{(du)^2+(dv)^2}=$（一定）であるという前提も置きます。

このように前提を設定することで、「**最も効率よく $L(u, v)$ の値を減らすにはどの向きに移動したらよいか**」という点に絞って考えることができます。

移動量が微少だという前提により、4.3節で導出した全微分の公式を使うことができ、関数 $L(u, v)$ の変化量を $dL(u, v)$ とすると

$$dL(u_k, v_k) = L_u(u_k, v_k)du + L_v(u_k, v_k)dv$$

と表せます。

さらに、この式の右辺をベクトルの内積と考えることにします。つまり、**$(L_u(u_k, v_k), L_v(u_k, v_k))$ というベクトル**と、**(du, dv) というベクトル**の内積だと考えます。このことは、3.5節で復習したベクトルの内積の公式のうち、成分表示による公式を逆に当てはめると成り立つことからわかります。

$$dL(u_k, v_k) = (L_u(u_k, v_k), L_v(u_k, v_k)) \cdot (du, dv)$$

(L_u, L_v) と (du, dv) の2つのベクトルのなす角度を θ とすると、内積の公式より、次のようになります。

$$\begin{aligned}dL(u_k, v_k) &= (L_u(u_k, v_k), L_v(u_k, v_k)) \cdot (du, dv) \\ &= |(L_u, L_v)|\,|(du, dv)|\cos\theta\end{aligned} \quad (4.5.1)$$

今は、点 (u_k, v_k) にいる瞬間のことを考えていますので、L_u と L_v は定数

と見なせます。さらに $\sqrt{(du)^2 + (dv)^2} =$（一定）という前提も置きました。

結局(4.5.1)式の右辺で変化するのは、「$\cos\theta$」の部分のみとなります。よって

「**関数 L の微少変化量 dL は2つのベクトルのなす角度 θ によってのみ定まり、最小値をとるのはベクトル $(L_u,\ L_v)$ とベクトル $(du,\ dv)$ がちょうど逆方向のとき**」

ということがわかります[8]。この様子を図4-13に示しました。

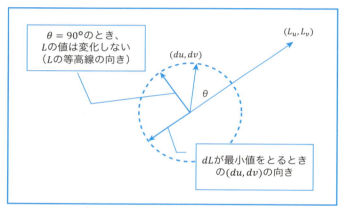

図4-13 $(du,\ dv)$ の向きと $L(u,\ v)$ の変化量の関係

結論として、問題の1つであった「**移動量ベクトルの向きをどうするか**」に関しては

「**関数 $L(u,\ v)$ の $(u_k,\ v_k)$ における偏微分ベクトル $(L_u(u_k,\ v_k),\ L_v(u_k,\ v_k))$ のちょうど逆向きに進めばよい**」

という回答が出せそうなことがわかりました。

もう1つの問題「**移動量ベクトルの大きさをどうするか**」に関してはどうでしょうか？ この問題を考える場合は1変数関数の方がわかりやすいので、1

---

[8] この話がピンとこない人は3.5節を見直してください。

変数関数を題材にしてみます。

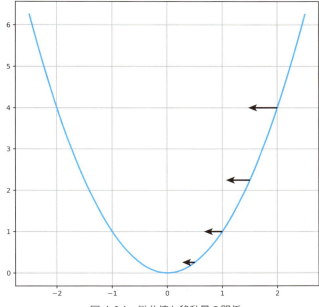

図 4-14　微分値と移動量の関係

　図 4-14 を見てください。この図は、$f(x) = x^2$ のグラフと、そのグラフ上の 4 点から、それぞれの点の微分値に一定の値 (-0.1) をかけた結果を x の移動量として矢印で示したものです。
　この場合、$x = 0$ で $f(x)$ は最小値をとるのですが
・$x = 0$ から離れている → $f(x)$ の微分値も大きく、結果的に移動量も大きい
・$x = 0$ に近い → $f(x)$ の微分値が小さく、結果的に移動量も小さい
という傾向が読み取れます。
　つまり、「それぞれの点における**微分値に負の一定値をかけた値**を移動量とすれば、結果的に**適度な移動量になっている**」ということがいえそうです。ここでは厳密な証明はしませんが、このことは N 変数関数の場合も含めてうまくいくケースが多いことがわかっています。これが 2 つめの「移動量の大きさ」に関する問題への回答となります。

以上の考察をまとめることで、次の計算式が導出されました。

$$\begin{pmatrix} u_{k+1} \\ v_{k+1} \end{pmatrix} = \begin{pmatrix} u_k \\ v_k \end{pmatrix} - \alpha \begin{pmatrix} L_u(u_k, v_k) \\ L_v(u_k, v_k) \end{pmatrix} \quad (4.5.2)$$

これが、**勾配降下法の公式**となります。この公式で出てきたパラメータ a（図4-14 の例では 0.1 にした値）は、機械学習、ディープラーニングにおける最も重要なパラメータで**学習率**という名前がついています。

読者は、今までの話から
・学習率が大きすぎる → うまく極小値に収束しない
・学習率が小さすぎる → 学習の効率が悪くなり計算に時間がかかる

という挙動になることが想像できると思います。実際にこの予想は正しく、機械学習・ディープラーニングでは、個々の問題に応じて適切な学習率を設定して繰り返し処理をする必要があるのです。

また (4.5.2) から、勾配降下法で移動量を出す計算は損失関数の偏微分の計算であることもわかったと思います。**機械学習・ディープラーニングにおける繰り返し計算の本質は損失関数の微分**なのです。

等高線・勾配ベクトル

図 4-13 をもう一度見てください。$\theta = 90°$ の向きであれば、関数 L の値は変化しません。つまり、$(L_u,\ L_v)$ ベクトルと垂直な微少ベクトルをつなぎ合わせてできた曲線は L という**関数の等高線**になることが予想されます。この予想は正しくて、勾配降下法で極小値を求める場合に、微少ベクトルが進む向きと L という関数の等高線は常に垂直な関係にあります。このことは図 4-8 から図 4-11 の右側の図でも確認できますので、一連の図を見直してください。

今の例題で、$(u,\ v)$ 平面の各点からそれぞれの点の偏微分ベクトル（勾配ベクトル）にマイナスをかけたベクトルの様子を図 4-15 に示しました。勾配降下法とは、この図でいうと、それぞれ点の矢印（勾配ベクトル）をたどっていき、$L(u,\ v)$ が最小値になる点を求める方式ということもできます。

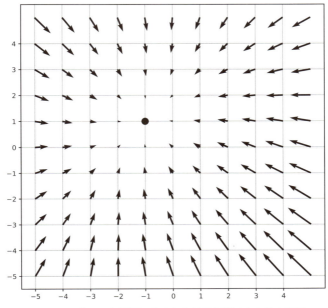

図4-15 (u, v) 平面の各点における勾配ベクトルの様子

　最後に、この例題の勾配降下法の様子を示すアニメーションを用意してみました。関心のある方はこちらで確認してみるとよりイメージが持てると思います。

https://github.com/makaishi2/math-sample/blob/master/movie/gradient-descent.gif（短縮URL：http://bit.ly/2VGGHNu）

3次元、N次元への拡張

　今までの説明は、すべて2変数関数を題材に考えてきました。このことを3次元に拡張してみます。

　関数 L を $L(u, v, w)$ という3変数関数にした場合、勾配降下法の式が次のようになります。

$$\begin{pmatrix} u_{k+1} \\ v_{k+1} \\ w_{k+1} \end{pmatrix} = \begin{pmatrix} u_k \\ v_k \\ w_k \end{pmatrix} - \alpha \begin{pmatrix} L_u(u_k, v_k, w_k) \\ L_v(u_k, v_k, w_k) \\ L_w(u_k, v_k, w_k) \end{pmatrix}$$

具体的な数式は省略しますが、この勾配降下法の式は、N 次元にも拡張可能です。

> ## コラム　勾配降下法と局所最適解
>
> 図 4-16 を見てください。
>
>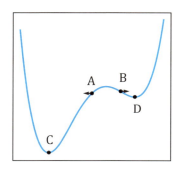
>
> 図 4-16　局所最適解が最小値とならないケース
>
> これは 1 変数関数が極小値を 2 つ持っている場合のグラフです。このようなケースの場合、点 A を初期値として勾配降下法を始めれば、最小値である C にたどり着けそうですが、点 B を初期値として勾配降下法を始めると、最小値ではないが極小値にあたる点 D に収束しそうです。つまり、勾配降下法はいつでも最小値を見つけられるわけではないのです。このように勾配降下法の結果、最小値でなく、局所最適値に収束してしまう方法を回避するための手段として**確率的勾配降下法**と呼ばれる方法が用いられることがあります。通常の勾配降下法では、学習データすべての平均をとった損失関数を定義し、その偏微分値でパラメータを変更していくのに対して、1 回ごとにランダムで特定の学習データを抽出し、その点の情報のみを使って勾配を計算していく方法です。
>
> 確率的勾配降下法の場合、**局所最適解**にとどまってしまう危険性は減りますが、繰り返し計算でなかなか一定の値に収束しないという欠点があります。すべての学習データを使って損失関数を計算する方法を**バッチ学習法**といいますが、バッチ学習法と確率的勾配降下法の折衷案として**ミニバッチ学習法**という方式もあり、数万件オーダーの大量の学習データを利用する場合などによく用いられています。本書でも 10 章のディープラーニングでは、このミニバッチ学習法を利用して学習をすることになります。

Chapter 5

指数関数・対数関数

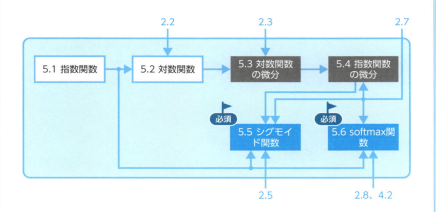

Chapter 5 指数関数・対数関数

1章で紹介したように、ディープラーニングモデルのベースとなるロジスティック回帰モデルでは、予測関数と損失関数の中に指数関数と対数関数が登場します。このことからも、機械学習を理解する上で指数関数・対数関数の理解は必須です。そこで、本章ではこの2つの関数の性質を調べていきます。

この2つの関数の微分について調べる中で必然的に出てくるのが、「e」という文字で表現され、「ネイピア数」という名前のついた不思議な数です。本章を読み進めるうちに、このネイピア数を底とする対数がなぜ「自然対数」と呼ばれているかについても、納得できるようになると思います。

本章の後半では、機械学習に欠かせない関数であるシグモイド関数とsoftmax関数についても詳しく紹介します。

5.1 指数関数

本章ではまずイメージを持ちやすい指数関数の解説から始めます。一見すると当たり前の公式が多いのですが、数式の形でまとめておくことが、次の対数関数を理解するための重要な一歩となります。しっかり理解するようにしてください。

5.1.1 累乗の定義と法則

まず、指数関数の元の考え方である累乗の定義を復習します。

$$4 \text{ という数は } 2 \times 2$$
$$8 \text{ という数は } 2 \times 2 \times 2$$

と書けます。このように同じ数を複数回かける場合

$$4 = 2^2$$
$$8 = 2^3$$

のように、繰り返す回数を肩の小さな数字で表して省略する書き方が累乗の元々の定義です。

累乗の法則

$4 \times 8 = 32$ というかけ算の計算を、累乗の式に書き換えてみます。すると次の式になります。

$$2^2 \times 2^3 = 2^{(2+3)} = 2^5$$

この例で 2 を使った累乗の基になる数を a とし、肩の数 2, 3 を一般の自然数 m, n に置き換えて、一般化すると、次の式が成り立ちます。

$$a^m \times a^n = a^{m+n} \tag{5.1.1}$$

また、

$$(2^2)^3 = 2^2 \times 2^2 \times 2^2 = (2 \times 2) \times (2 \times 2) \times (2 \times 2) = 2^{2 \times 3}$$

という式も成り立つので、これを同じように一般化すると

$$(a^m)^n = a^{m \times n} \tag{5.1.2}$$

が成り立ちます。(5.1.1)式と(5.1.2)式の2つを累乗の法則といいます。

5.1.2　累乗の拡張

累乗の法則は元々 m, n が自然数のときに成り立つものだったのですが、m や n をゼロや負の整数、最後は有理数全体に拡張することを考えます。

ゼロへの拡張

$n = 0$ で累乗の法則が成り立つとすると次の式が成立します。

$$a^m \times a^0 = a^{m+0} = a^m \tag{5.1.3}$$

$a^m \neq 0$ なので(5.1.3)式の両辺を a^m で割れます。その結果、次の式が得られます。

$$a^0 = 1 \tag{5.1.4}$$

負の整数への拡張

$a^0 = 1$ を使い、さらに負の整数に累乗の法則を広げると

$$a^m \times a^{-m} = a^{m-m} = a^0 = 1 \tag{5.1.5}$$

(5.1.5)の両辺を a^m で割ることで次の式が成り立ちます。

$$a^{-m} = \frac{1}{a^m} \tag{5.1.6}$$

(例) (5.1.6)を使って、負の整数の累乗を計算してみます。

$$2^{-3} = \frac{1}{2^3} = \frac{1}{8}$$

$\frac{1}{n}$ への拡張

公式(5.1.2)が $\frac{1}{n}$ のような分数に対しても成立すると仮定します。すると、次の式が成り立ちます。

$$\left(a^{\frac{1}{n}}\right)^n = a^{\left(\frac{1}{n} \cdot n\right)} = a^1 = a$$

$a^{\frac{1}{n}}$ という数は、n 乗すると a になる数です。つまり a の n 乗根ということになるので、次の式が成立します。

$$a^{\frac{1}{n}} = \sqrt[n]{a} \tag{5.1.7}$$

(例) (5.1.7)を使って次の累乗の計算をしてみます[1]。

$$8^{\frac{1}{3}} = \sqrt[3]{8} = 2$$

有理数への拡張

x を有理数とすると、p を自然数、q を整数として

$$x = \frac{q}{p}$$

と書けます。

すると、次のような式が成り立つので、結局任意の有理数 x に対して a^x を計算できることになります。

$$a^x = a^{\frac{q}{p}} = (\sqrt[p]{a})^q$$

(例) 8 の $-\dfrac{2}{3}$ 乗を計算してみます。

$$8^{-\frac{2}{3}} = \left(8^{\frac{1}{3}}\right)^{-2} = \left(\sqrt[3]{8}\right)^{-2} = 2^{-2} = \frac{1}{4}$$

5.1.3 関数への拡張

前節で示したことから、すべての有理数 x に対して a^x の値を決めることができます。x が無理数の場合もいくらでも近い有理数が存在するので、結局すべての実数 x に対して a^x を決めることができます。つまり、a を正の実数とする場合

$$f(x) = a^x$$

という関数を決められることになります。この関数を**指数関数**といいます。

指数関数のグラフ

それでは、指数関数の 1 つである $f(x) = 2^x$ のグラフを描いてみましょう。

---

[1] 「8 の 3 乗根」=「3 乗して 8 になる数」なので 2 が答えになります。

その準備として表 5-1 を完成させます。

表 5-1　$f(x) = 2^x$ の表

x	-2	$-\dfrac{3}{2}$	-1	$-\dfrac{1}{2}$	0	$\dfrac{1}{2}$	1	$\dfrac{3}{2}$	2
$f(x)$	$\dfrac{1}{4}$	$\dfrac{1}{2\sqrt{2}}$	$\dfrac{1}{2}$	$\dfrac{1}{\sqrt{2}}$	1	$\sqrt{2}$	2	$2\sqrt{2}$	4

この表の $(x, f(x))$ の値をそれぞれ x 座標、y 座標としてプロットし、これらの点を結んでグラフを描くと図 5-1 のようになります。

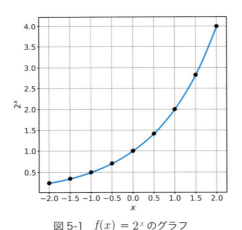

図 5-1　$f(x) = 2^x$ のグラフ

$f(x) = \left(\dfrac{1}{2}\right)^x$ のグラフも描いてみます。まず、先ほどと同じように表 5-2 を完成させます。

表 5-2　$f(x) = \left(\dfrac{1}{2}\right)^x$ の表

x	-2	$-\dfrac{3}{2}$	-1	$-\dfrac{1}{2}$	0	$\dfrac{1}{2}$	1	$\dfrac{3}{2}$	2
$f(x)$	4	$2\sqrt{2}$	2	$\sqrt{2}$	1	$\dfrac{1}{\sqrt{2}}$	$\dfrac{1}{2}$	$\dfrac{1}{2\sqrt{2}}$	$\dfrac{1}{4}$

この表を基にグラフを描くと図 5-2 のようになります。先ほど描いた $f(x) = 2^x$ のグラフをちょうど直線 $x = 0$ に関して対称に反転させた形になっています。

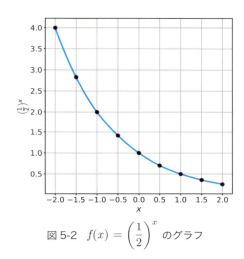

図 5-2 　$f(x) = \left(\dfrac{1}{2}\right)^x$ のグラフ

指数関数の性質

ここで重要なのが、累乗の法則の場合と同様に以下の公式が指数関数 $f(x) = a^x$ に対して成り立つことです。この**指数関数の公式**は次節で対数関数の性質を調べるときに役立ちます。

$$a^x \times a^y = a^{x+y} \tag{5.1.8}$$

$$\frac{a^y}{a^x} = a^{y-x} \tag{5.1.9}$$

$$\frac{1}{a^x} = a^{-x} \tag{5.1.10}$$

$$(a^x)^y = a^{xy} \tag{5.1.11}$$

図 5-3 に x, y が自然数の場合に、なぜ上の公式が成り立つかのイメージ図を示します。非常に重要ですので、上の公式とあわせて覚えてください。(5.1.10) に関しては (5.1.9) で $y = 0$ の場合と考えます。

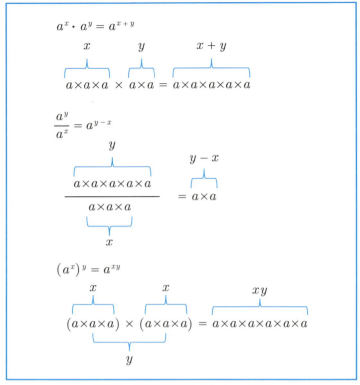

図 5-3　指数関数の公式のイメージ図

5.2　対数関数

　本節ではいよいよ対数関数を解説します。対数関数は指数関数と異なり、実世界で具体的な事例がないので、とてもイメージが持ちにくい概念です。常に逆関数の関係にある指数関数の世界での話と対応づけて理解することでイメージが持てるようになりますので、その点を心がけてください。

対数関数の定義

　前節の最後にまとめた(5.1.8)から(5.1.11)の指数関数の公式を見てわかることは、「指数関数の肩の数の世界」で考えると、かけ算が足し算で済み、ものご

とが単純になるということです。

例えば

$$64 \times 32$$

という計算をする代わりに

$$2^6 \times 2^5$$

と考えれば(5.1.8)の公式より

$$2^{6+5} = 2^{11} = 2048$$

と、かけ算を一切行わずに足し算だけで済むことになります。

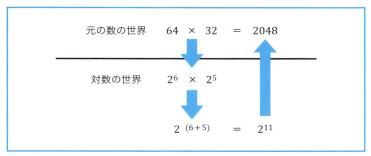

図 5-4 「元の数の世界」と「対数の世界」

つまり、ある正の数 X, Y と a があった場合に、$X \times Y$ を直接計算するのではなく

$$a^x = X,\ a^y = Y$$

となるような x と y を見つけられたとします。すると、$X \times Y$ の代わりに $x + y$ という足し算をして、その結果を z とすれば、a^z により $X \times Y$ の値を求められることになります。

ある X と a が与えられたとき、$a^x = X$ となるような x を求めることは結局**関数 $y = a^x$ の逆関数を求めている**ことになります。この関数を **a を底とする対数関数**と呼び

$$y = \log_a x$$

と表記します。

対数関数のグラフ

2.2 節で説明したように、逆関数のグラフと元の関数のグラフは直線 $y = x$ に関して対称な関係にあります。図 5-1 に示した $y = 2^x$ のグラフを利用するとその逆関数である

$$y = \log_2 x$$

のグラフは、図 5-5 の青色の曲線となります（対比させるため、元の関数の $y = 2^x$ のグラフも黒色の曲線で重ね書きしています）。

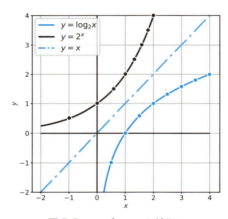

図 5-5　$y = \log_2 x$ のグラフ

　注意すべき点として、**対数関数は正の値に対してしか定義されない**ことがあります。これは逆関数である**指数関数が関数の値として正の値しかとらない**ことと対応しています。

　関数 $f(x)$ に対して x のとりうる値の範囲を**定義域**、$f(x)$ のとりうる値の範囲を**値域**といいますが、この言葉を使うと

　　指数関数の値域は正の範囲
　　対数関数の定義域は正の範囲

ということができます。

対数関数の特徴

5.1 節の最後で説明した (5.1.8) から (5.1.11) の 4 つの公式は、対数関数の言葉に置き換えると次のようになります。

いずれの式も元の公式を

$$x = \log_a X \quad \Leftrightarrow \quad a^x = X$$
$$y = \log_a Y \quad \Leftrightarrow \quad a^y = Y$$

に置き換えて作ったものです。

$a^x \times a^y = a^{x+y}$ (5.1.8)

$X \times Y = a^{x+y}$ 左辺の x, y を X, Y に置き換える

$\log_a (X \times Y) = x + y$ 両辺に対して a を底とした対数をとる

$\log_a (X \times Y) = \log_a X + \log_a Y$ 右辺の x, y を X, Y に置き換える

$\dfrac{a^y}{a^x} = a^{y-x}$ (5.1.9)

$\dfrac{Y}{X} = a^{y-x}$ 左辺の x, y を X, Y に置き換える

$\log_a \left(\dfrac{Y}{X}\right) = y - x$ 両辺に対して a を底とした対数をとる

$\log_a \left(\dfrac{Y}{X}\right) = \log_a Y - \log_a X$ 右辺の x, y を X, Y に置き換える

$\dfrac{1}{a^x} = a^{-x}$ (5.1.10)

$\dfrac{1}{X} = a^{-x}$ 左辺の x を X に置き換える

$\log_a \left(\dfrac{1}{X}\right) = -x$ 両辺に対して a を底とした対数をとる

$\log_a \left(\dfrac{1}{X}\right) = -\log_a X$ 右辺の x を X に置き換える

$$(a^x)^y = a^{xy} \qquad (5.1.11)$$
$$X^y = a^{xy} \qquad \text{左辺の } x \text{ を } X \text{ に置き換える}$$
$$\log_a (X^y) = xy \qquad \text{両辺に対して } a \text{ を底とした対数をとる}$$
$$\log_a (X^y) = y \log_a X \qquad \text{右辺の } x \text{ を } X \text{ に置き換える}$$

指数関数の公式(5.1.8)から(5.1.11)を対数関数の言葉に置き換えた以上の公式は、次節の対数関数の微分計算や本書後半の実践編で何度も使うことになるので、**対数関数の公式**として改めてまとめておきます。

$$\log_a (X \times Y) = \log_a X + \log_a Y \qquad (5.2.1)$$

$$\log_a \left(\frac{Y}{X}\right) = \log_a Y - \log_a X \qquad (5.2.2)$$

$$\log_a \left(\frac{1}{X}\right) = - \log_a X \qquad (5.2.3)$$

$$\log_a (X^y) = y \log_a X \qquad (5.2.4)$$

底の変換公式

対数関数の公式に出てくる a ($\log$ の右下の添え字) のことを対数の「底」と呼びます。では、対数関数で底の値を変えると関数値はどのように変化するのでしょうか？

それを示す公式が、これから説明する**底の変換公式**となります。

まず、次の式を考えます。

$$X = a^x \qquad (5.2.5)$$

ここで、この式の両辺に対して、**b を底とする対数**をとってみましょう。

$$\log_b X = \log_b (a^x) \qquad (5.2.6)$$

(5.2.6)の右辺に対して公式(5.2.4)を適用すると

$$\log_b (a^x) = x \log_b a$$

となります。さらに(5.2.5)の式を対数関数で書き直すと

$$x = \log_a X$$

なので、結局

$$\log_b X = \log_a X \log_b a$$

両辺を $\log_b a$ で割って等式の左右を入れ替えると

$$\log_a X = \frac{\log_b X}{\log_b a} \tag{5.2.7}$$

となります。

最後に得られた(5.2.7)が、**底の変換公式**と呼ばれる公式になります。公式の見方ですが

対数関数はどの値を底としても結局定数倍の違いしかない。違いの比の値が $\log_b a$ になる。

ということになります。つまり対数関数を考えるとき、**底の値をいくつにするかは本質的な違いではない**ということです。

コラム 対数関数の持つ意味

　対数関数は指数関数の逆関数として定義しましたが、その方法は天下り的なところがあり、このように無理矢理決めた関数が何の役に立つのかよくわからない点があると思います。

　まず、歴史的な事実から説明すると、対数は電卓というものがなかった時代に、**「簡単にかけ算をしたい」**という要望から生まれた考えでした。

　元の数値に対して、その数値の対数を対数表という表から調べて、かけ算の代わりに足し算をして、足した結果を対数表を基に、元の数字に戻してかけ算の結果を得ていたのです。あるいは「**計算尺**」という対数スケールで目盛りを振った物差しを使って、同じ計算をしたりしていました。

　コンピュータによる計算が発達した現代でこういう用途はなくなりましたが、

対数の必要がなくなったわけではありません。わかりやすい対数の利用例として、次のグラフを見てみましょう。

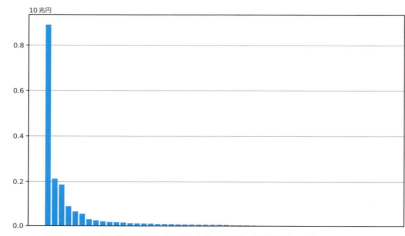

図 5-6　売り上げの上位 50 社　通常スケール

　この図は東京証券取引所に上場している会社のうち、売上高上位 50 社の年間売り上げのグラフです。見ればわかるとおり、1 位の会社に引っ張られて、同じスケールでみると上位 10 社以下あたりからは、値が小さくて違いがグラフから読み取れません。
　では、同じグラフで縦軸を対数にしてみるとどうなるでしょうか？

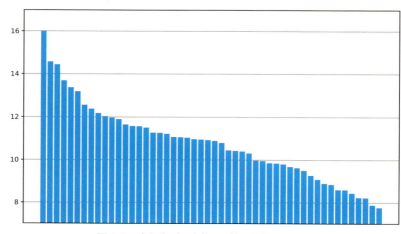

図 5-7　売り上げの上位 50 社　対数スケール

ご覧のとおり、きれいな形で並んで、これなら 30 位の会社と 40 位の会社の違いもグラフから読み取れそうです。

このように対数関数には、**大きな値も小さな値も対等に扱える特殊なフィルターとしての役割**を持っています。そしてこの性質が、6 章で登場する**尤度関数という概念の導入時に大きな役割を果たす**ことになるのです。

5.3 対数関数の微分

前節で、対数関数がどんな関数で、どういう性質を持っているかを簡単に調べました。本節では、前節の結果を利用して、対数関数の微分について調べてみます。

$$f(x) = \log_a x$$

のときの微分を定義に従って書いてみます[2]。

$$f'(x) = \lim_{h \to 0} \frac{\log_a (x + h) - \log_a x}{h}$$

ここで前節で求めた対数関数の公式(5.2.2)により

$$\log_a (x + h) - \log_a x = \log_a \left(\frac{x + h}{x}\right) = \log_a \left(1 + \frac{h}{x}\right)$$

そして、$h' = \dfrac{h}{x}$ と h' を置くと、$h = xh'$ となるので、結局

$$f'(x) = \lim_{h' \to 0} \frac{\log_a (1 + h')}{xh'} = \frac{1}{x} \lim_{h' \to 0} \frac{\log_a (1 + h')}{h'} = \frac{1}{x} \lim_{h' \to 0} \log_a \left((1 + h')^{\frac{1}{h'}}\right)$$

途中の式変形で x は $\lim$ の計算と関係ないので、$\lim$ の外に出しています。最後の式変形では、対数関数の公式(5.2.4)を利用しています。

最後の式で、$\lim$ の式の中に x は含まれていません。つまり、$\lim$ の計算結果

---

[2] 微分と極限については 2.3 節で解説しているので、忘れてしまった人は参照してください。

$$\lim_{h' \to 0} \log_a \left((1+h')^{\frac{1}{h'}} \right) \tag{5.3.1}$$

がある値に収束するならその値を k としたとき

$$f'(x) = \frac{k}{x}$$

と表せることがわかります。

　対数関数の微分は**反比例**として小学校で習った $y = \dfrac{1}{x}$ という関数の定数倍になっていたのです。

　では、k はどんな値なのでしょうか？ それを求めるため、(5.3.1) の対数関数の内部の式の極限がどうなるかを調べてみます。h' を h と改めて書き直すと

$$\lim_{h \to 0} (1+h)^{\frac{1}{h}}$$

という式になります。

　この式を実際に計算してみると、h をゼロに近づけていったとき $2.71828\cdots$ という数に近づいていくことがわかります。この極限値のことを**ネイピア数**と呼び、**記号 e** で表す決まりになっています。

　今まで、対数関数の底については特定の値と定めず、単に文字 a で計算を進めていました。もし、この a の代わりに e を底にすると

$$\lim_{h \to 0} \log_e (1+h)^{\frac{1}{h}} = \log_e e = 1$$

となることがわかります。

　つまり、e を底とする対数関数 $f(x) = \log_e x$ を微分すると

$$f'(x) = \frac{1}{x} \tag{5.3.2}$$

という結果が得られることがわかります。

　e という数は、対数関数の微分計算の過程で突然出てきた数なのですが、**この数を底とする対数関数は、とてもきれいな微分の結果になる**わけです。

　このような理由で、e を底とする対数関数のことを**自然対数**と呼ぶことにな

りました。

　数学の教科書では、e を底とした自然対数は底の値を特に明記せずに書くルールがあります。本書でも、これ以降このルールにのっとって対数の記述をすることにします。

コラム　ネイピア数を Python で確認する

対数関数の微分計算で出てきた極限の式

$$\lim_{h \to 0}(1+h)^{\frac{1}{h}} = e$$

を Python のプログラムで確認すると、次のようになります。

```
import numpy as np
np.set_printoptions(precision=10)
x = np.logspace(0, 11, 12, base=0.1, dtype='float64')
y = np.power(1+x, 1/x)
for i in range(11):
    print( 'x = %12.10f y = %12.10f' % (x[i], y[i]))

x = 1.0000000000 y = 2.0000000000
x = 0.1000000000 y = 2.5937424601
x = 0.0100000000 y = 2.7048138294
x = 0.0010000000 y = 2.7169239322
x = 0.0001000000 y = 2.7181459268
x = 0.0000100000 y = 2.7182682372
x = 0.0000010000 y = 2.7182804691
x = 0.0000001000 y = 2.7182816941
x = 0.0000000100 y = 2.7182817983
x = 0.0000000010 y = 2.7182820520
x = 0.0000000001 y = 2.7182820532
```

図 5-8　ネイピア数をプログラムで確認

　あるいはグラフで確認することもできます。自然対数関数 $f(x) = \log x$ の微分は $f'(x) = \dfrac{1}{x}$ なので、$f(x)$ の $x = 1$ における接線の方程式は

$$y - \log 1 = \frac{1}{1}(x-1)$$

つまり

$$y = x - 1$$

となるはずです。このことを実際に確認してみましょう。

図 5-9 は $y = x - 1$ のグラフを、対数の底 a を $2, \ e, \ 6$ と変化させたときの $y = \log_a x$ のグラフと重ね書きしたものです。ちょうど $a = e$ のときに、直線 $y = x - 1$ と接していることがわかると思います。

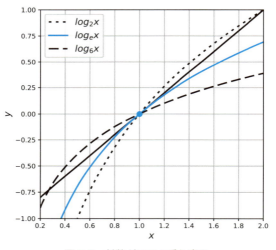

図 5-9　対数グラフの重ね書き

下記リンク先に、a の値を動的に変化させたときの様子をアニメーションとしてアップしましたので、関心のある方はこちらも見てみてください。

https://github.com/makaishi2/math-sample/blob/master/movie/log-animation.gif（短縮 URL：http://bit.ly/2To7sJY）

5.4 指数関数の微分

次に指数関数の微分を調べることにします。対数関数の場合、底を e とすることできれいな微分の式が得られました。そこで、指数関数の底としてもまず e の場合を考えてみることにします。

$y = e^x$ という指数関数を考えます。指数関数と対数関数は互いに逆関数の関係にあるので

$$x = \log y$$

となります。

$$\frac{dx}{dy} = (\log y)' = \frac{1}{y}$$

ですので、2.7 節で説明した逆関数の微分の公式より以下の式が成立します。

$$\frac{dy}{dx} = \frac{1}{\frac{dx}{dy}} = \frac{1}{\frac{1}{y}} = y$$

なんと、**y の微分は y 自身**になってしまいました。y を元の e^x の形に書き直すと

$$(e^x)' = e^x \tag{5.4.1}$$

ということになります。これが**ネイピア数(e)を底とする指数関数の微分の公式**となります。

自然対数以外の指数関数の微分については $y = a^x$ の両辺を自然対数をとった式に変形してから微分します（このような微分の計算方法を対数微分法といいます）。

$$\log y = \log a^x = x \log a$$

ここで両辺を x で微分すると

$$\frac{d(\log y)}{dx} = \frac{d(x \log a)}{dx} = \log a \tag{5.4.2}$$

一方、合成関数の微分の公式より

$$\frac{d(\log y)}{dx} = \frac{d(\log y)}{dy}\frac{dy}{dx} = \frac{1}{y}\frac{dy}{dx} \tag{5.4.3}$$

(5.4.2) と (5.4.3) より

$$\log a = \frac{1}{y}\frac{dy}{dx}$$

よって、次の式が成り立ちます。

$$y' = \frac{dy}{dx} = (\log a)y = (\log a)a^x \tag{5.4.4}$$

これが自然対数以外の数を底とする指数関数の微分の公式となります。

コラム　ネイピア数(e)を底とする指数関数の表記法

　本節で説明したようにネイピア数(e)を底とする指数関数は、微分の結果が自分自身になるという美しい性質を持っているため、本書の中でもこれ以降頻繁に登場します。

　実際にこの指数関数を使う場合には、引数にあたる部分に複雑な式が入り、合成関数の形になることが多いです。典型的な例として6.2節で登場する正規分布関数があります。

　指数関数の肩の部分に複雑な式を記述すると、数式としても非常に見づらくなります。この理由で「e^x」という表記の代わりに「$\exp(x)$」という表記法がよく利用されます。本書でもこれ以降、指数関数の標準的な表記法として使用することにします。

5.5 シグモイド関数

ここで次のような関数を考えてみます。この関数はシグモイド関数[3]と呼ばれます（exp については前節のコラム参照）。

$$y = \frac{1}{1 + \exp(-x)}$$

この関数のグラフを書いてみると図 5-10 のようになります。

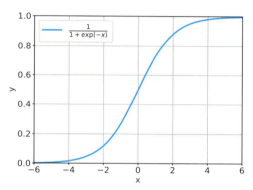

図 5-10　シグモイド関数のグラフ

グラフを見ると、次のような性質を持っていることがわかります。

- 常に増加し続ける関数である。
  （このような性質の関数を単調増加関数といいます）
- x の値が $-\infty$ に近づくと、関数値は 0 に近づく。
- x の値が ∞ に近づくと、関数値は 1 に近づく。
- $x = 0$ のときは関数値は 0.5。
- グラフの形は点 $(0, 0.5)$ に関して点対称である。

---

[3] 数学的には、シグモイド関数とはパラメータ a を含んだ形で $y = \dfrac{1}{1 + \exp(-ax)}$ という式で表される関数のことをいい、パラメータ a を含まない上の関数は標準シグモイド関数と呼びます。しかし、機械学習の世界では省略してシグモイド関数と呼ぶのが通例のため、本書もこの呼び方にならいます。

最後の性質は次の計算により確認できます。

$$f(x) = \frac{1}{1 + \exp(-x)}$$

としたとき

$$f(x) + f(-x) = \frac{1}{(1 + \exp(-x))} + \frac{1}{(1 + \exp(x))}$$
$$= \frac{1}{(1 + \exp(-x))} + \frac{\exp(-x)}{(1 + \exp(-x))} = 1$$

つまり

$$\frac{1}{2}(f(x) + f(-x)) = \frac{1}{2}$$

これは 2 点 $(x, f(x))$ と $(-x, f(-x))$ の中点が x の値によらず定点 $\left(0, \frac{1}{2}\right)$ であることを示しています。

これらの性質は、6 章で説明する確率分布関数（連続的な値をとる、確率値を表す関数）にぴったりです。このような理由もあり、シグモイド関数は分類型の機械学習モデルで、内部の仕組みとして広く使われることになりました。

シグモイド関数は少し複雑な形をした関数ですが、今までに導出した公式を総動員すると、微分を計算できます。実際に計算してみましょう。

まず

$$y = \frac{1}{1 + \exp(-x)}$$

という関数の式に対して

$$u(x) = 1 + \exp(-x)$$

という途中段階の関数を考えます。すると

$$y(u) = \frac{1}{u}$$

と表せるので、合成関数の微分の公式が使える形になります。具体的には次の式となります。

$$\frac{dy}{dx} = \frac{dy}{du} \cdot \frac{du}{dx}$$

ここで右辺の最初の部分の微分計算結果は次の形になります。

$$\frac{dy}{du} = \left(\frac{1}{u}\right)' = (u^{-1})' = (-1) \cdot u^{-2} = -\frac{1}{u^2}$$

$\dfrac{du}{dx}$ の計算では、もう一度合成関数の微分の公式を使用します。具体的には $v = -x$ と置きます。すると、u と v は以下の関係になります。

$$u = 1 + \exp(-x) = 1 + \exp(v)$$

よって

$$\frac{du}{dx} = \frac{du}{dv} \cdot \frac{dv}{dx} = \exp(v) \cdot (-1) = -\exp(-x)$$

ですので、微分の結果は次のようになります。

$$\begin{aligned}\frac{dy}{dx} &= -\frac{1}{u^2} \cdot -\exp(-x) = \frac{\exp(-x)}{(1+\exp(-x))^2} = \frac{1+\exp(-x)-1}{(1+\exp(-x))^2} \\ &= \frac{1}{1+\exp(-x)} - \frac{1}{(1+\exp(-x))^2} = y - y^2 = y(1-y)\end{aligned}$$

結論をまとめると次の数式になります。

$$f'(x) = y(1-y) \tag{5.5.1}$$

(5.5.1)が**シグモイド関数の微分結果**になります。最終的に、**元の関数の値だ**

け使って微分値が計算できることがわかりました。このシグモイド関数の性質は、後で機械学習モデルの学習を行う際に活用することになります。

5.6　softmax 関数

前節で紹介したシグモイド関数は、実数値を入力とし、0から1までの値を持つ（確率値と解釈できる値を出力とする）関数でした。

これから紹介する softmax 関数はベクトルを入力とし、0から1の値をとる同じ次数のベクトルを出力する関数になります。他の振る舞いもシグモイド関数と似ていて、やはり出力は確率値としての解釈が可能な関数です。4章で説明した多変数関数がN入力1出力であったことと比較すると、N入力N出力なので、多変数関数をより拡張した関数と考えることもできます（「ベクトル値関数」と呼ぶ場合があります）。

図 5-11 に N=3 の場合の softmax 関数の概念図を示しました。

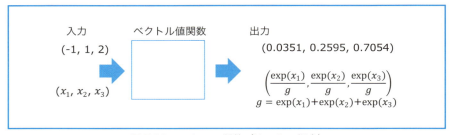

図 5-11　softmax 関数（N = 3 の場合）

結果を表す数式は
入力値ベクトル：(x_1, x_2, x_3)
出力値ベクトル：(y_1, y_2, y_3)
とした場合、次の形になります。

$$\begin{cases} y_1 = \dfrac{\exp(x_1)}{g(x_1, x_2, x_3)} \\ y_2 = \dfrac{\exp(x_2)}{g(x_1, x_2, x_3)} \\ y_3 = \dfrac{\exp(x_3)}{g(x_1, x_2, x_3)} \end{cases}$$

ここで

$$g(x_1, x_2, x_3) = \exp(x_1) + \exp(x_2) + \exp(x_3)$$

式の定義から

$$y_1 + y_2 + y_3 = 1$$
$$0 \leq y_i \leq 1 \quad (i = 1, 2, 3)$$

であることはすぐにわかると思います。確かに 3 つの出力値をセットとして、確率値として使えそうです。

次にこの関数の微分を計算してみましょう。今回の関数は多変数関数であるため、微分計算も 4.2 節で説明した偏微分として行う必要があります。

まず、x と y の添え字がそろっている場合として y_1 を x_1 で偏微分した場合を計算します。式変形を見やすくするため、$\exp(x_1) = h(x_1)$ と表すことにします。

$$y_1 = \frac{h(x_1)}{g(x_1, x_2, x_3)} = \frac{h}{g}$$

なので、2.8 節で説明した商の微分の公式 (2.8.1) から[4]

$$\frac{\partial y_1}{\partial x_1} = \frac{g \cdot h_{x_1} - h \cdot g_{x_1}}{g^2}$$

ここで

$$h_{x_1} = \exp(x_1)' = \exp(x_1) = h$$
$$g_{x_1} = \frac{\partial g}{\partial x_1} = \exp(x_1) = h$$

となるので、次のような計算結果になります。

$$\frac{\partial y_1}{\partial x_1} = \frac{g \cdot h - h \cdot h}{g^2} = \frac{h}{g} \cdot \frac{g - h}{g} = \frac{h}{g} \cdot \left(1 - \frac{h}{g}\right) = y_1(1 - y_1)$$

---

[4] 厳密にいうと「(2.8.1) を偏微分に拡張した式を適用することにより」。

偏微分の結果は元の関数値 y_1 だけで表すことができ、しかも前節で計算したシグモイド関数の微分計算の結果である(5.5.1)と同じになりました。

それでは、x と y の添え字がそろっていない場合はどうなるでしょうか？一例として y_2 を x_1 で偏微分した場合を計算してみます。

$$y_2 = \frac{\exp(x_2)}{g(x_1, x_2, x_3)} = \frac{h(x_2)}{g}$$

となります。今度は、分子の式は x_1 から見ると定数 $(h' = 0)$ なので

$$\frac{\partial y_2}{\partial x_1} = \frac{g \cdot h(x_2)_{x_1} - h(x_2) \cdot g_{x_1}}{g^2} = \frac{g \cdot 0 - h(x_2) \cdot g_{x_1}}{g^2} = -\frac{h(x_2) \cdot g_{x_1}}{g^2}$$

g_{x_1} は g を x_1 で偏微分した結果なので、先ほどの計算結果から $h(x_1)$ です。つまり

$$\frac{\partial y_2}{\partial x_1} = -\frac{h(x_2) \cdot h(x_1)}{g^2} = -\frac{h(x_2)}{g} \cdot \frac{h(x_1)}{g} = -y_2 \cdot y_1$$

以上の結果をまとめると、次のような形になります。

$$\frac{\partial y_j}{\partial x_i} = \begin{cases} y_i(1 - y_i) & (i = j) \\ -y_i y_j & (i \neq j) \end{cases} \tag{5.6.1}$$

これが **softmax 関数の偏微分の結果**です。

コラム シグモイド関数とsoftmax関数の関係

今までの計算結果からシグモイド関数とsoftmax関数の間には、関係がありそうです。このことは$N=2$の場合のsoftmax関数に対して以下の計算をすることで、実際に示せます（最後の変形は分子分母を$\exp(x_1)$で割って、5.1節で導出した指数関数の公式(5.1.9)を利用しています）。

$$y_1 = \frac{\exp(x_1)}{\exp(x_1) + \exp(x_2)} = \frac{1}{1 + \exp(-(x_1 - x_2))}$$

ここで$x_1 - x_2$をxに置き換えると、シグモイド関数と同じ式になることがわかります。つまり、$N=2$の場合のsoftmax関数は実質的にシグモイド関数と同等であり、逆にシグモイド関数を$N=3$以上に拡張したものがsoftmax関数と考えることができます。

このシグモイド関数とsoftmax関数の関係はそのまま、実践編の2値分類（8章）と多値分類（9章）の関係につながることになります。

Chapter 6

確率・統計

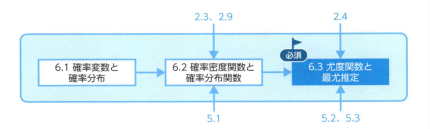

Chapter 6 確率・統計

理論編の最後の章は確率と統計です。

分類型の教師あり学習モデルのうち、ディープラーニングモデルに一番つながりの深いロジスティック回帰モデルでは、確率の考え方が不可欠になります。ある入力データがどのクラスに属するのかを予測するのに、そのクラスに属する「確率値を予測する」という形をとるからです。

さらに「観測値に基づいて、一定の型にはまった確率モデルから、最も高い確率になる最適なパラメータを見つける」ことを指す「最尤推定」は、ロジスティック回帰モデルの学習の根幹部分といえる考え方です。

本章は、数多い確率・統計の概念の中でも、これらの機械学習・ディープラーニングモデルと関係の深い概念に焦点を絞って解説します。

6.1 確率変数と確率分布

確率とは**ある事象の起こりうる可能性**を割合で表したものです。

確率は数学的には $P(X)$ という記号で表しますが、表記法で1つ注意すべき点があります。それは、関数の場合、関数の違いは $f(x)$, $g(x)$ のように、**最初の文字で区別**したのに対して、確率の場合は最初の文字がすべて P で共通で、$P(X)$, $P(Y)$ のように**後ろの変数の文字で違いを表す**点です。

ここで、X や Y のことを確率変数といいます。例えば

X:「コインを1回投げたときのコインの表裏」
Y:「サイコロを1回投げたときのサイコロの目」

のようなものが**確率変数**です。

上の例の場合

$X = \{表、裏\}$ の2値
$Y = \{1, 2, 3, 4, 5, 6\}$ の6値

をとることがわかります。この確率変数を使って、例えば

$$P(X = 表) = 1/2$$

とか

$$P(Y = 2) = 1/6$$

のように確率を表現します。

確率の表記法を普通の関数の場合と対応づけて整理すると、表 6-1 のようになります。

表 6-1　確率の表記法

	全体を表す	特定の値
関数	$f(x)$, $g(x)$	$f(2)$, $g(-3)$
確率	$P(X)$, $P(Y)$	$P(X = 表)$, $P(Y = 2)$

確率変数のとりうるそれぞれの値について、確率の値を表形式にまとめたものを**確率分布**といいます。上の例の確率変数 X と Y について、確率分布を示すと次のようになります。

表 6-2　X の確率分布

確率変数 X	表	裏
$P(X)$	1/2	1/2

表 6-3　Y の確率分布

確率変数 Y	1	2	3	4	5	6
$P(Y)$	1/6	1/6	1/6	1/6	1/6	1/6

上の話を拡張して、複合的な確率変数を考えることもできます。例えば、コインの話については確率変数 X_n を「コインを n 回投げたとき、表の出る回数」と定義することが可能です。

このように「1 か 0 かの結果となる独立した試行を n 回行ったときに、1 の結果が出た回数」を確率変数とした場合の確率分布のことを、**二項分布**と呼び

ます。

$n = 1, 2, 3, 4$ の場合、二項分布の確率分布を表にすると、それぞれ次のようになります。

表 6-4　二項分布の確率分布

$n = 1$ の場合

確率変数 X_1	0	1
$P(X_1)$	1/2	1/2

$n = 2$ の場合

確率変数 X_2	0	1	2
$P(X_2)$	1/4	2/4	1/4

$n = 3$ の場合

確率変数 X_3	0	1	2	3
$P(X_3)$	1/8	3/8	3/8	1/8

$n = 4$ の場合

確率変数 X_4	0	1	2	3	4
$P(X_4)$	1/16	4/16	6/16	4/16	1/16

確率分布の表は棒グラフとして表現することも可能です。この時のグラフのことを**ヒストグラム**と呼びます。

上の $n = 2, 3, 4$ の確率分布をヒストグラムにすると、次のような形になります。

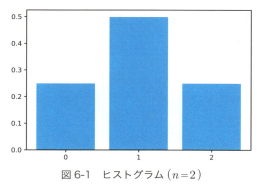

図 6-1　ヒストグラム ($n = 2$)

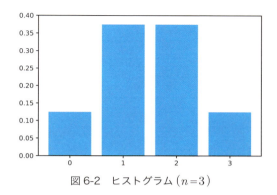

図 6-2　ヒストグラム ($n=3$)

図 6-3　ヒストグラム ($n=4$)

　このヒストグラムで n の数をもっと大きくするとどうなるでしょうか？ Python を使って $n = 10,\ 100,\ 1000$ の場合の図を描いてみると以下のようになります。

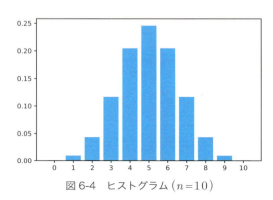

図 6-4　ヒストグラム ($n=10$)

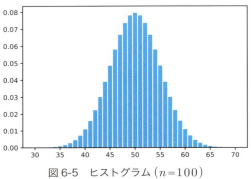

図 6-5　ヒストグラム（$n=100$）

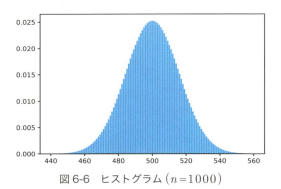

図 6-6　ヒストグラム（$n=1000$）

6.2 確率密度関数と確率分布関数

　前節の図 6-5 や図 6-6 を見れば想像がつくように、二項分布のヒストグラムは n の値を大きくしていくと、ある連続関数に近づいていきます。

　この関数は、次の式で表されるものであることがわかっており、**正規分布関数**という名前がついています。下の式で、$P(X_1 = 1) = p$ としたときに、$\mu = np$、$\sigma^2 = np(1-p)$ となります。

$$f(x, \mu, \sigma) = \frac{1}{\sqrt{2\pi}\sigma} \exp\left(-\frac{(x-\mu)^2}{2\sigma^2}\right)$$

　また、二項分布関数が正規分布関数に近づいていく性質は、**中心極限定理**と

呼ばれています。

前節で例として取りあげた単一の試行で、1（コイン表）の結果の確率が $p=1/2$ の場合の近似式は、$\mu = np = n/2$、$\sigma^2 = np(1-p) = n/4$ の関係を用いると、次の通りです（$n/2 = m$ と置いています）。

$$P(X_n = x) \approx \frac{1}{\sqrt{m\pi}} \exp\left(-\frac{(x-m)^2}{m}\right)$$

本当にこうなるのか、Python でグラフを描いて実際に確認してみましょう。図 6-6 の二項分布のグラフと、正規分布関数のグラフを重ね書きします。

```
import numpy as np
import scipy.special as scm
import matplotlib.pyplot as plt

# 正規分布関数の定義
def gauss(x, n):
    m = n/2
    return np.exp(-(x-m)**2 / m) /  np.sqrt(m * np.pi)

# 正規分布関数と二項分布の重ね書き
N = 1000
M = 2**N
X = range(440,561)
plt.bar(X, [scm.comb(N, i)/M for i in X])
plt.plot(X, gauss(np.array(X), N), c='k', linewidth=2)
plt.show()
```

図 6-7　正規分布関数と二項分布のヒストグラム描画用プログラム

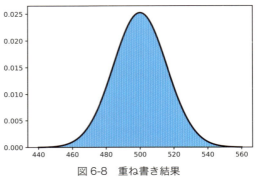

図 6-8　重ね書き結果

2つの線はぴったり一致しているので、中心極限定理は確かに正しそうです。前章で導出したネイピア数と指数関数がこんなところで出てくることには驚かされます。

ところで、この例のように、**確率変数が連続的な値をとる場合、確率は正規分布関数のような連続関数で考える**ことができます。この時の正規分布関数にあたる関数のことを**確率密度関数**と呼びます。

確率密度関数から、確率を求めてみましょう。例として 6.1 節で紹介した二項分布で $n=1000$ のグラフ（図 6-6）を取りあげ、このグラフを正規分布関数で近似した場合の、確率値を求めてみます。

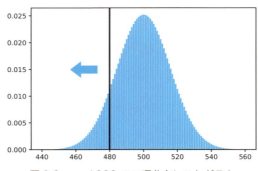

図 6-9　$n=1000$ の二項分布ヒストグラム

このグラフは細かい長方形に分割できますが、長方形の面積をすべて足すと 1 になります（確率の場合、排他な事象の確率をすべて足すと 1 になることより。ピンとこない人は前節の図 6-1、6-2、6-3 などのヒストグラムを見てください。

n の数は多くなっていますが、長方形の面積を全部足すと 1 になるという基本的な構造は $n = 1000$ の場合でも同じです)。

確率を知りたい事象として次のような条件を考えてみます。

$$P(X_{1000} \leq 480)$$

言葉で表現すると「1000 回コインを投げたとき、表の出る回数が 480 回以下である確率」ということになります。

この確率は図 6-9 の矢印で示された領域の面積に等しいことがわかります。連続関数の面積とはつまり積分のことなので (2.9 節参照)、求めたい確率は次の積分の式で近似的に表されることがわかります[1]。

$$P(X_{1000} \leq 480) \approx \int_0^{480} f(x)dx$$

先ほど紹介した正規分布関数の式に $m = 1000/2 = 500$ を代入すると

$$f(x) = P(X_n = x) \approx \frac{1}{\sqrt{500\pi}} \exp\left(-\frac{(x-500)^2}{500}\right)$$

となりますので、この式を上の積分の $f(x)$ として Python で数値計算した結果が次の形になります。

```
import numpy as np
from scipy import integrate
def normal(x):
    return np.exp(-((x-500)**2)/500) / np.sqrt(500*np.pi)
integrate.quad(normal, 0, 480)
```

(0.10295160536603419, 1.1220689434463503e-13)

図 6-10 数値計算による積分の結果

数値計算の結果は約 0.1 になりました。この値が図 6-9 の矢印の領域が占め

---

[1] ヒストグラムは x の最小値を 440 としていますが、原理的に $x = 0$ もありうるので、積分の始点はその値としています。

る面積であり、つまり、「1000回コインを投げたとき、表の出る回数が480回以下である確率は約10%」であることがわかります。

以上からわかったこととして、確率変数が連続値であるような事象では、実際の確率値を計算するには**確率密度関数を積分した結果が必要**になります。この計算で必要な**確率密度関数の原始関数**のことを、**確率分布関数**と呼びます。

コラム 正規分布関数とシグモイド関数

ここまででわかったと思いますが、実数値から確率値を出したいときに、変換用の関数に正規分布関数を使うのは自然な発想です。しかし、機械学習モデルで確率値を出すのに利用されているのはシグモイド関数であって、通常、正規分布関数が使われることはありません。

その一番大きな理由は、確率密度関数が正規分布関数である場合に、その積分結果（確率分布関数）が解析的に解けない（関数式として表すことができない）ことがあげられます。

逆に確率分布関数が

$$f(x) = \frac{1}{1 + \exp(-x)}$$

で定義されるシグモイド関数の場合、その微分（確率密度関数）は

$$f'(x) = f(x)(1 - f(x))$$

と元の関数値だけで表せます。

本節で説明した確率の言葉で言いかえると

確率密度関数：$f(x)(1 - f(x))$
確率分布関数：$f(x)$

となり、どちらも簡単に計算できるという特徴を持っています。

さらに、シグモイド関数と、正規分布関数はグラフの形も大変似ています。図6-11 は、
・シグモイド関数から計算した確率密度関数 $f(x)(1 - f(x))$ …sig
・平均 0、分散 1.6 の正規分布関数（確率密度関数）……………std
を重ね書きしたものです。

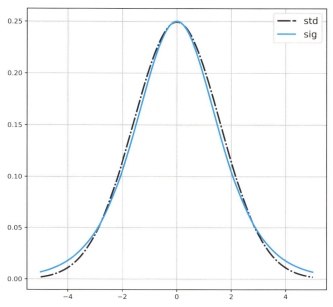

図 6-11　シグモイド関数（sig）と正規分布関数（std）

　計算のしやすさと、正規分布関数との類似性という2つが、機械学習でシグモイド関数がよく利用される理由なのです。

6.3　尤度関数と最尤推定

次のような問題を考えてみましょう。

> 　あるくじ引きの機械があり、あたりの出る確率はいつも一定とします。
> 　また、複数回この機械でくじ引きをした場合、それぞれの試行の結果は前の結果と関係ない（「試行として独立している」といいます）ものとします。
> 　このくじ引きの機械で5回くじを引いたところ、1回目と4回目があたりで、残り3回ははずれでした。くじを1回引いたときのあたりの確率を p としたとき、最も確からしい値 p を推定してください。

確率変数 X_i を

$$X_i = \begin{cases} 1 & \text{(あたりの場合)} \\ 0 & \text{(はずれの場合)} \end{cases}$$

と定義します。

あたりの確率は p であればはずれの確率は $(1-p)$ になるので、上の5回の試行の結果を表にまとめると、次のようになります。

表6-5　5回の試行ごとの確率

i	X_i	$P(X = X_i)$
1	1	p
2	0	$1-p$
3	0	$1-p$
4	1	p
5	0	$1-p$

すると、今回の結果のように1回目、4回目があたりで残り3回がはずれになる確率は、各事象の確率の積で表せるので、次の式になります。

$$\begin{aligned}
&P(X = X_1) \cdot P(X = X_2) \cdot P(X = X_3) \cdot P(X = X_4) \cdot P(X = X_5) \\
&= p \cdot (1-p) \cdot (1-p) \cdot p \cdot (1-p) \\
&= p^2 \cdot (1-p)^3
\end{aligned} \qquad (6.3.1)$$

ここで得られた確率の値はまだ、1回ごとのあたりの確率 p がわかっていないため、p を文字として含む、つまり p の関数となっています。

このような**モデルの特徴を表す変数（この場合 p）を式に含んでいる確率の式**のことを**尤度関数**と呼びます。

そして**最尤推定**とは、尤度関数をパラメータで微分して、ちょうど微分値がゼロになるときのパラメータの値を求め、この値を**「最も確からしいパラメータの値」として推定する**アルゴリズムのことをいいます。

最尤推定を行う場合、元の確率の式全体に対して対数をとります。これは元の(6.3.1)の式で、文字がかけ算でつながっているため微分計算がやりにくいのに対して、対数をとるとかけ算が足し算に代わり計算がやりやすくなるためです。

対数を使うもう1つの理由として、例えば1万件のように大量の件数のデー

タに対してこのような確率値のかけ算を行うと値が小さくなりすぎて計算機で扱えなくなる（アンダーフローといいます）こともあります。

対数関数が単調増加関数であるため、元の関数で最大値をとるパラメータと対数をとった関数で最大値をとるパラメータが同じであることがこの方法の前提となっています。

それでは、実際に(6.3.1)の式に対して最尤推定をしてみましょう。まず、(6.3.1)の式の対数をとります。

$$\log(p^2(1-p)^3) = 2\log p + 3\log(1-p) \qquad (6.3.2)$$

(6.3.2)を p で微分して（微分計算結果）$= 0$ という式を作ると次のようになります。

$$\frac{2}{p} + \frac{3 \cdot (-1)}{1-p} = 0$$
$$2(1-p) - 3p = 0$$
$$5p = 2$$
$$p = \frac{2}{5}$$

確認のため(6.3.2)を p の関数と見た場合のグラフも記載します。確かに尤度関数は $p = 0.4$ のところで最大値をとっているようです。

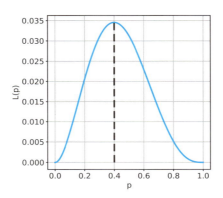

図6-12　p を変数とした尤度関数のグラフ

最尤推定の結果は、「5回中2回あたりなので、2/5」という、常識的に考えた場合の推定結果と一致しました。
　この問題は非常に単純なものでしたが、8章で取り扱うロジスティック回帰では、もっと複雑な最尤推定の方法を用います。ただ、この例で用いた

① 観測値（この例では X_i）とパラメータ（この例では p）を含めた確率の式を作る
② 確率の式に観測値（この例では X_i の実際の値）を代入→パラメータだけの式になる
③ ②の式をパラメータの関数と考え、対数をとった後、（パラメータで微分した結果）＝ 0 を満たすパラメータを求める

という基本的な流れはまったく同じなので、本節で説明した例でその点をよく理解するようにしてください。

> **コラム　なぜ尤度関数の極値は極小値ではなく極大値をとるのか**
>
> 　2.4節で説明したように「関数の微分値 ＝ 0」になる点は極大値をとる場合と極小値をとる場合があります（厳密にはそのどちらでない場合もある）。
> 　最尤推定では「尤度関数の微分 ＝ 0」の式から尤度関数が極大値となる変数値を求めるのですが、なぜこの値が極小値になることはないのでしょうか？
> 　尤度関数とは確率値の積ですが、個々の確率値は正解からはずれた値に対しては限りなく0に近づくという点がポイントです。仮に2変数の世界で尤度関数を考えたとすると、ほとんどの点では0になっていて、2つのパラメータがちょうどいい案配になっている点の周辺だけが山のように盛り上がっている形になるのです。このような図形を想像すると、「尤度関数の微分 ＝ 0 の地点」＝「山の頂上」＝「極大点」というイメージを持てると思います。

実践編

- **7章** 線形回帰モデル（回帰）
- **8章** ロジスティック回帰モデル（2値分類）
- **9章** ロジスティック回帰モデル（多値分類）
- **10章** ディープラーニングモデル

Chapter 7

線形回帰モデル（回帰）

必須 ディープラーニングの実現に必須の概念	1章 回帰1	7章 回帰2	8章 2値分類	9章 多値分類	10章 ディープラーニング
1　損失関数	○	○	○	○	○
3.7　行列と行列演算				○	○
4.5　勾配降下法		○	○	○	○
5.5　シグモイド関数			○		○
5.6　softmax関数				○	○
6.3　尤度関数と最尤推定			○	○	○
10　誤差逆伝播					○

Chapter 7 線形回帰モデル（回帰）

それではいよいよ実際にモデルを作っていきます。

1章で説明したように、教師あり学習のモデルには、**回帰**と呼ばれるものと**分類**と呼ばれるものがあり、仕組みが簡単なのは、入力データから数値を予測する回帰モデルです。

本章では回帰モデルの中でも一番簡単な線形回帰モデルを取りあげます。

7.1 損失関数の偏微分と勾配降下法

線形回帰モデルの学習における根本的な原理である、**残差平方和を損失関数としてその関数値が最小となるパラメータを求める**ことについては、1章ですでに解説したので、忘れてしまった人は読み返してください。

1章で紹介したモデルは「**単回帰**」と呼ばれる簡単なモデル（入力変数が1次元）だったので、最適なパラメータ値を平方完成という高校1年レベルの数学の範囲で求められました。「**重回帰**」と呼ばれる、入力変数が2次元以上の回帰モデルではこの方法は通用せず

「損失関数をすべてのパラメータ $(w_0, w_1, \ldots w_n)$」で偏微分したときの値が同時に0になる点を求める」

という考え方になります。

線形回帰モデルの場合、損失関数（残差平方和）がパラメータ w_i の2次関数なので、偏微分した結果は必ず w_i の1次関数になります。「偏微分の計算結果＝0」という方程式は損失関数のパラメータの数だけ作れます。このため、上の条件を満たすパラメータの値は、パラメータの数を n とした場合に n 元連立方程式を解けば求められます。

実際に、線形回帰モデルではこのような解法が存在し、繰り返し計算でなく一気に正確な値が求まります。こうして得られた解は、繰り返し計算で得られる「**近似解**」に対して「**解析解**」と呼ばれています。

簡単な練習問題として、4.1節で参照した次の損失関数について、解析解を

求めてみましょう。4.1 節の関数は次のようなものでした。

$$L(u, v) = 3u^2 + 3v^2 - uv + 7u - 7v + 10$$

この 2 変数関数の「偏微分の計算結果 = 0」という結果を連立した式は次のような形になります。

$$\begin{cases} L_u(u,v) = 6u - v + 7 = 0 & (7.1.1) \\ L_v(u,v) = -u + 6v - 7 = 0 & (7.1.2) \end{cases}$$

(7.1.1)× 6 + (7.1.2) により（2 つの式から v を消去する）

$$35u + 35 = 0$$

よって

$$(u, v) = (-1, 1)$$

4 章の図 4-3 の等高線表示を見直してみると確かに $(u, v) = (-1, 1)$ のところが、ちょうどお椀の底の地点になっています。このことで正しい解が得られていることが確認できます。

少し寄り道をしましたので、本題に戻ります。

本章で取りあげる線形回帰の問題も、「偏微分の計算結果 = 0」の式の連立により解析的に求まります。しかし、このアプローチでは次章以降で取りあげる分類問題に対応できません。そのため、本章では分類問題への準備として、線形回帰問題をあえて勾配降下法による繰り返し計算で求める方法を用いて解くことにします。

7.2 例題の問題設定

本章で取りあげる例題で題材として使う学習データには、機械学習でよく利用される公開データの「**The Boston Housing Dataset**」を使用します。

> # The Boston Housing Dataset
>
> A Dataset derived from information collected by the U.S. Census Service concerning housing in the area of Boston Mass.
>
>   *Delve*
>
> ●●
>
> This dataset contains information collected by the U.S Census Service concerning housing in the area of Boston Mass. It was obtained from the StatLib archive (http://lib.stat.cmu.edu/datasets/boston), and has been used extensively throughout the literature to benchmark algorithms. However, these comparisons were primarily done outside of **Delve** and are thus somewhat suspect. The dataset is small in size with only 506 cases.
>
> The data was originally published by Harrison, D. and Rubinfeld, D.L. `Hedonic prices and the demand for clean air', J. Environ. Economics & Management, vol.5, 81-102, 1978.

図 7-1　The Boston Housing Dataset
https://www.cs.toronto.edu/~delve/data/boston/bostonDetail.html より。

　このデータは、1970 年代のボストン郊外地域の不動産物件に関する統計データです。ボストンを 506 の地域に分割し、個々の地域に対して次のような 14 項目の統計情報をとっています。

不動産物件に関する属性
PRICE: 物件価格（平均値）
RM: 部屋数（平均値）
AGE: 1940 年よりも前に建てられた家屋の割合
など

地域特性
LSTAT: 低所得者率
CRIM: 犯罪率
CHAS: チャールズ川沿いかどうか（1：Yes、0：No）
など

　ここでは、**物件価格以外の属性値を使って、物件価格を予測するモデル**を作ることを目的とします。**数値の予測モデル**なので、**回帰モデル**を作ることにな

ります。

回帰モデルには、単回帰モデルと重回帰モデルが存在します。入力変数の数が1つのモデルが単回帰モデル、2つ以上のモデルが重回帰モデルです。

本章では、まず、**入力変数をRM（平均部屋数）のみとする単回帰モデル**を作って、予測をしてみます。その後で、**入力変数を1つ（低所得者率LSTAT）追加した重回帰モデル**に拡張して、モデルの精度向上を図ることにします。

7.3 学習データの表記法

機械学習では複数件の学習データを利用します。今回の例で使うThe Boston Housing Datasetの場合、データの件数は地域の数と同じ506件です。

そこで、学習データを利用した計算のアルゴリズムを記述するときには、複数のデータを区別する書き方が必要になります。機械学習の教科書の通例に従い、「この何件目のデータか」を示すインデックスを、文字の肩に()をつけて表現することにします。

なぜ、データ系列の数を下の添え字にしないかというと、重回帰の場合を想定して入力データが1列でなく2列の場合を考えるとよくわかります。下の添え字はこの目的で使いたいので、系列の数の方は肩に表示するのです。一方でこの場所にそのまま数字を書いてしまうと、べき乗（指数）と区別できなくなるので、()で囲む形になっています。

また、今後 y の値については、正解値と予測値が混在し、非常にまぎらわしくなります。そこで本書では予測値には yp (predict)、正解値については yt (true) と表記して区別することにします。

表7-1に、今回扱うデータを表形式で示しました。データ系列法で表記した表7-2と見比べて、上の説明を理解してください。その際、表7-2ではインデックスが0から始まっていることに注意してください。これはPythonでは配列のインデックスが0から始まることに合わせています。

表 7-1　今回扱うデータ

行数	RM	PRICE
1	6.575	24
2	6.421	21.6
3	7.185	34.7
⋮	⋮	⋮
506	6.03	11.9

表 7-2　データ系列表記法による例

RM (x)	PRICE (yt)
$x^{(0)} = 6.575$	$yt^{(0)} = 24.0$
$x^{(1)} = 6.421$	$yt^{(1)} = 21.6$
$x^{(2)} = 7.185$	$yt^{(2)} = 34.7$
⋮	⋮
$x^{(505)} = 6.03$	$yt^{(505)} = 11.9$

7.4　勾配降下法の考え方

1章、4章の内容をおさらいしつつ、これから実施する勾配降下法の考え方を改めて説明します。

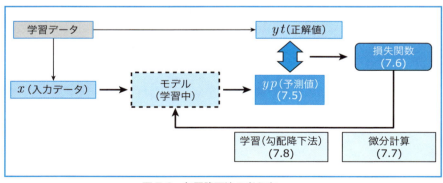

図 7-2　勾配降下法の考え方

図 7-2 を見てください。

最初のステップは、入力データ x から予測値 yp を求めるためのモデルの作成です。本章では 7.5 節で説明します。

次のステップは、予測値（yp）と正解値（yt）から計算可能な損失関数 L の作成です。7.6 節で具体的な説明をします。

4.5 節で導出した勾配降下法の公式は次のようなものでした。

$$\begin{pmatrix} u_{k+1} \\ v_{k+1} \end{pmatrix} = \begin{pmatrix} u_k \\ v_k \end{pmatrix} - \alpha \begin{pmatrix} L_u(u_k, v_k) \\ L_v(u_k, v_k) \end{pmatrix} \tag{7.4.1}$$

7.7 節では勾配降下法に向けた準備として、7.6 節で求める損失関数 L の微分計算をします。

7.8 節では 7.7 節の微分計算の結果と (7.4.1) の公式に基づいて、勾配降下法の具体的な計算方法を説明します。

8 章以降の分類の問題でも、予測関数の実装など細かい点は異なりますが、図 7-2 のハイレベルなフローで見ると学習方法はまったく同じです。図 7-2 は非常に重要な処理フローなので、しっかり頭に入れるようにしてください。

7.5 予測モデルの作成

今回題材として利用する「The Boston Housing Dataset」に関して、平均部屋数 RM を x 軸に、物件価格 PRICE を y 軸にして、506 件のデータ系列全体の様子を散布図とした結果を図 7-3 に示しました。

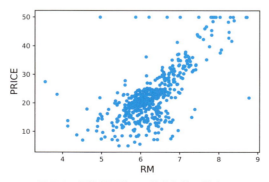

図 7-3　平均部屋数 vs. 物件価格の散布図

散布図を見ると、多少値にバラツキはあるものの直線近似でおおよそのデータの傾向が示せそうなことがわかります。これから作る線形単回帰モデルとは、上の散布図に最も合った直線の式を求める話と同じです。

線形単回帰モデルの場合、2つのパラメータ w_0, w_1 で1次関数を表現して、予測値 yp を次のように表すことは1章で説明しました。

$$yp = w_0 + w_1 x \tag{7.5.1}$$

本節では、(7.5.1)をより簡潔に表現することを考えます。まず、(7.5.1)の右辺を

$$w_0 + w_1 x = w_0 \cdot 1 + w_1 \cdot x$$

と書き直してみます。すると、この式は2つのベクトル $(w_0, \ w_1)$ と $(1, \ x)$ の内積と見ることができます。

そこで元の入力データ x に添え字をつけて x_1 と書き直し、常に1の値をとる**ダミー変数** x_0 も追加します。新しい表現体系では入力データは

$$\boldsymbol{x} = (x_0, x_1)$$

と2次元のベクトルになります。パラメータについても

$$\boldsymbol{w} = (w_0, w_1)$$

とベクトルで表現すると、(7.5.1)の式は内積を利用して次のように書き直すことができます。

$$yp = \boldsymbol{w} \cdot \boldsymbol{x} \tag{7.5.2}$$

このように書き直すと、式がシンプルになるため、この後たくさん出てくる機械学習のための数式が簡潔に表現できるようになります。

これは、ロジックをPythonで実装するにあたっても、簡潔なコードで実装できるという効果につながります。

機械学習の実際の計算では、(7.5.2)式の予測は個別のデータ系列の値 $x^{(m)}$ に対して行われます。この点まで意識した場合の予測の式は7.3節で定義した

表記法を踏まえると次の形になります。

$$yp^{(m)} = \boldsymbol{w} \cdot \boldsymbol{x}^{(m)} \tag{7.5.3}$$

この計算式は、次の図 7-4 のようなノード間の関係グラフとしても表現できます[1]。このグラフも今後よく使うことになるので理解するようにしてください。

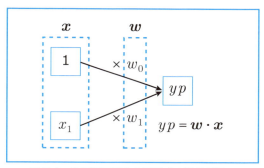

図 7-4　単回帰モデルの予測式の関係グラフ

7.6　損失関数の作成

線形回帰モデルの場合、損失関数 L は、y の値の予測値（yp）と正解値（yt）の差の 2 乗和である、「残差平方和」を使うという話は 1 章で説明しました。

この損失関数 L を、7.3 節で説明したデータ表記法および 7.5 節で説明した予測の式とあわせて表現すると、以下のようになります（この例題のデータ数 506 を M とします）。

$$\begin{aligned}L &= (yp^{(0)} - yt^{(0)})^2 + (yp^{(1)} - yt^{(1)})^2 + \cdots + (yp^{(M-1)} - yt^{(M-1)})^2 \\ &= \sum_{m=0}^{M-1} (yp^{(m)} - yt^{(m)})^2\end{aligned}$$

この残差平方和の値は、ほぼデータ件数に比例するはずなので、データの件数が 100 件の場合と 1000 件の場合で大きく違ってしまうことが予想されます。

モデルの精度を見る場合、損失関数の値はデータ件数によらず一定の方が比

---

[1] 関係グラフとして見る場合は x を「入力層ノード」または「入力層」、yp を「出力層ノード」または「出力層」と呼びます。

較しやすいです。そこで損失関数の値が入力データの件数に関係なく一定の値となるよう、残差平方和をデータ件数で割った平均値をとることにします。

また、次節より勾配降下法の準備のため、損失関数の微分計算をするのですが、元の式が 2 乗の式であるため、微分すると係数として 2 が出てきます。この 2 を打ち消すよう、最初から 2 で割った式を損失関数としておきます[2]。

以上の点を踏まえると、最終的な損失関数の式は次の形になります。

$$L(w_0, w_1) = \frac{1}{2M} \sum_{m=0}^{M-1} (yp^{(m)} - yt^{(m)})^2 \tag{7.6.1}$$

(ただし、$yp^{(m)}$ は (7.5.3) で計算される値)

7.7　損失関数の微分計算

勾配降下法の準備のため、損失関数 $L(w_0, w_1)$ を変数 w_0, w_1 で偏微分します。

最初にダミー変数でない本当の変数の係数である w_1 に対して計算してみましょう。2.5.2 項で微分計算と足し算は入れ替えてよいという話をしましたので[3]、以下の式が成り立ちます。

$$\frac{\partial L(w_0, w_1)}{\partial w_1} = \frac{1}{2M} \sum_{m=0}^{M-1} \frac{\partial ((yp^{(m)} - yt^{(m)})^2)}{\partial w_1} \tag{7.7.1}$$

ここからしばらくは、式変形を見やすくするため、Σ の内部をデータ系列の添え字を取った形で計算します。つまり

$$\frac{\partial ((yp - yt)^2)}{\partial w_1}$$

の計算をすることになります。

---

[2] 偏微分の結果を勝手に 2 で割って大丈夫なのか心配な読者もいるかもしれません。しかし 4.5 節の勾配降下法の式を見直せばわかる通り、実際の繰り返し計算時には、勾配 (偏微分の結果) に学習率 α がかけられます。ここで値が変わった分は学習率で調整可能と考えてください。
[3] 2.5 節では常微分 (変数が 1 つの関数の微分) で説明をしましたが、この例のように多変数関数の偏微分であっても、このことは成り立ちます。

ここで、予測値と正解値の誤差を yd という関数[4]で表すことにします。

$$yd(w_0, w_1) = yp - yt \tag{7.7.2}$$

今は学習フェーズであり、$x_0, \ x_1, \ yt$ は定数です。
また $yp = yp(w_0, \ w_1) = w_0 x_0 + w_1 x_1$ は w_0 と w_1 の関数なので

$$\frac{\partial(yd(w_0, w_1))}{\partial w_1} = \frac{\partial(yp(w_0, w_1))}{\partial w_1} = \frac{\partial(w_0 x_0 + w_1 x_1)}{\partial w_1} = x_1$$

となります。

今求めたいのは $(yd)^2$ を w_1 で偏微分した結果です。2.7 節で説明した合成関数の微分の公式を使うことにより

$$\frac{\partial((yd)^2)}{\partial w_1} = (yd^2)' \cdot \frac{\partial(yd)}{\partial w_1} = 2yd \cdot x_1$$

元の添え字付きのデータ系列の表現に戻すと

$$\frac{\partial\left((yd^{(m)})^2\right)}{\partial w_1} = 2yd^{(m)} \cdot x_1^{(m)}$$

この結果を(7.7.1)の式に戻すと次の結果が得られます(上の計算で出てきた 2 が消えるようにあらかじめ損失関数の式を 2 で割っておいたのでした)。

$$\frac{\partial L(w_0, w_1)}{\partial w_1} = \frac{1}{M} \sum_{m=0}^{M-1} yd^{(m)} \cdot x_1^{(m)}$$

まったく同じやり方で w_0 に対する偏微分も計算できて、結果は次のようになります。

$$\frac{\partial L(w_0, w_1)}{\partial w_0} = \frac{1}{M} \sum_{m=0}^{M-1} yd^{(m)} \cdot x_0^{(m)}$$

---

[4] この段階では yd という関数は見通しよく微分計算をするのに便利という程度の意味しかないのですが、8 章以降で実は非常に重要な役割を持つことがわかってきます。

この2つの偏微分の結果は $i=0, 1$ という添え字を使って次のような1つの式にまとめられます。

$$\frac{\partial L(w_0, w_1)}{\partial w_i} = \frac{1}{M} \sum_{m=0}^{M-1} yd^{(m)} \cdot x_i^{(m)} \tag{7.7.3}$$
$$(i = 0, 1)$$

ただし

$$yp^{(m)} = \boldsymbol{w} \cdot \boldsymbol{x}^{(m)} \tag{7.7.4}$$

$$yd^{(m)} = yp^{(m)} - yt^{(m)} \tag{7.7.5}$$

途中の経過は煩雑でしたが、最終的な偏微分の結果はとてもシンプルなものになりました。常に1の値をとるダミー変数 x_0 を取り入れたことで、結果の式が1つにまとまったこともわかると思います。

7.8　勾配降下法の適用

前節で得られた偏微分の結果を、4.5節で説明した勾配降下法に適用して、損失関数の値が極小になるようなパラメータ w_0, w_1 の値を求めてみましょう。

変数の表記法について

ここから先は、数式の計算ばかりが出てきます。その際に特に意識してほしいのは、変数の添字の意味の違いです。「ベクトルデータの要素」「データ系列中の要素」「繰り返し計算での繰り返し回数」の3つの意味の添字が数式中に混在する形になりますので、この意味を取り違えると数式がまったく理解できなくなります。

以降の数式では、添字の文字を使い分けることで、この混乱をできる限り起きないようにします。具体的なルールは以下の通りです。

i: ベクトルデータの中の何番目の要素かを意味する添字
m: 複数のデータ系列の中で何番目のデータかを意味する添字

k: 繰り返し処理での繰り返し回数を意味する添え字

少し先の話もすると、9 章と 10 章では重みベクトルが重み行列に変わります。その場合、行列データの何番目の要素かを意味する添え字としては i と j を使う形になります。

以下に具体例とその読み方を示しますので、数式中の添字がわからなくなったら、このページに戻って、添字の意味を正しく理解するようにしてください。

$w_i^{(k)}$

重みベクトル $\boldsymbol{w}$ の i 番目の要素で、繰り返し計算の k 回目の結果。重みベクトルなので、データ系列とは無関係です。

$\boldsymbol{w}^{(k)}$

重みベクトル $\boldsymbol{w}$（全体）で、繰り返し計算 k 回目の結果。

$x_i^{(m)}$

入力ベクトル $\boldsymbol{x}$ の i 番目の要素で、データ系列としては m 番目。入力ベクトルなので、繰り返し回数とは無関係です。

$\boldsymbol{x}^{(m)}$

入力ベクトル $\boldsymbol{x}$（全体）で、データ系列としては m 番目。

$yt^{(m)}$

m 番目のデータ系列の正解値。正解値なので、繰り返し回数とは無関係です。

$yp^{(k)(m)}$

m 番目のデータ系列の繰り返し回数 k 回目の予測値。予測値なので、データ系列と繰り返し回数の両方に関係があります。誤差 yd も同じ形式です。

4.4 節で勾配降下法を説明した際には、ここで説明したような複雑な条件はありませんでした。このため表記上の簡潔さを重視して、繰り返し回数に関し

ては u_k, v_k のような表記にしていました。今後は、ここで説明した表記法に切り替えますので特に注意してください。

勾配降下法の解説に戻りましょう。勾配降下法の(7.4.1)の公式と、前節で得られた(7.7.3)から(7.7.5)の式を組み合わせることにより、k 回目のパラメータの値がわかっていた場合の、$k+1$ 回目のパラメータ値を求めるための繰り返し計算の式は次のようになります。

$$yp^{(k)(m)} = \boldsymbol{w}^{(k)} \cdot \boldsymbol{x}^{(m)} \tag{7.8.1}$$

$$yd^{(k)(m)} = yp^{(k)(m)} - yt^{(m)} \tag{7.8.2}$$

$$w_i^{(k+1)} = w_i^{(k)} - \frac{\alpha}{M} \sum_{m=0}^{M-1} yd^{(k)(m)} \cdot x_i^{(m)} \tag{7.8.3}$$

$(i = 0, 1)$

(7.8.1)は繰り返し処理 k 回目の $\boldsymbol{w} = (w_0, w_1)$ の値を基に予測値 yp を計算しています。

(7.8.2)は、予測値 yp を基に正解値 yt との誤差を yd として計算しています。

(7.8.3)は、yd を基に、$k+1$ 回目の $\boldsymbol{w} = (w_0, w_1)$ の値を計算しています。

(7.8.3)は $i = 0, 1$ の場合をまとめて $\boldsymbol{w} = (w_0, w_1)$ のベクトルで表現することも可能です。その場合この式は次のように表現できます。

$$\boldsymbol{w}^{(k+1)} = \boldsymbol{w}^{(k)} - \frac{\alpha}{M} \sum_{m=0}^{M-1} yd^{(k)(m)} \cdot \boldsymbol{x}^{(m)} \tag{7.8.4}$$

(7.8.1)、(7.8.2)、(7.8.4)が最終的な「**単回帰モデルを線形予測し、勾配降下法を用いる場合の近似計算アルゴリズム**」となります。次節ではこの3つの数式をそのままコード化して実際に動くプログラムを作ってみます。

最後に(7.8.4)の中で出てきたパラメータ α について説明します。4.5節で勾配降下法の公式の説明の際に、パラメータ α が**学習率**という名前のついた重要なパラメータだという説明をしました。

この値が大きすぎると勾配降下法では収束した値にたどり着くことはできません。正しい方向（谷底）を目指してはいるのですが、一歩の歩幅が大きすぎて、いつも谷底を通り過ぎてしまい、何度も行ったり来たりしてしまうイメージです。

逆にこの値を小さくしすぎてしまうと、収束するまで多くの回数を繰り返す必要が出てしまいます。

機械学習では多くのチューニング対象のパラメータがあるのですが、その中でも学習率というパラメータは非常に重要なものであることを覚えておいてください。

7.9 プログラム実装

それでは、いよいよ、今まで説明してきた勾配降下法を Python 上で実装していきます。コードの全量は巻末に示す読者限定サイトからダウンロード可能です。

本節では、コードの中で機械学習計算と直接関係のある、本質的に重要な箇所のみ解説をします。

整備後の学習データ

```
# 入力データ x の表示（ダミー変数を含む）
print(x.shape)
print(x[:5,:])

(506, 2)
[[1.     6.575]
 [1.     6.421]
 [1.     7.185]
 [1.     6.998]
 [1.     7.147]]

# 正解値 yt の表示
print(yt[:5])

[24.   21.6 34.7 33.4 36.2]
```

図 7-5　学習データの状況

図7-5は公開データセットをインターネットからダウンロードし、必要な前処理が済んだ整備後の入力データxと正解値ytの状況です。
　xに関しては、入力データRM（部屋数）に追加で常に1の値を持つダミー変数が追加されて、行列の形になっていることがわかります。
　shapeは配列の要素数を返すプロパティです。

```
x.shape = (506, 2)
```

となっていることから、変数xに関してデータ系列が全部で506件あり、データ系列の次元数は2次元であることがわかります。このx.shapeの値は後ほど勾配計算のときに利用することになります。
　ytは、それぞれのxの行に対する正解値（住宅価格）の1次元配列となっています。

予測関数

```
# 予測関数 (1, x) の値から予測値 yp を計算する
def pred(x, w):
    return(x @ w)
```

図7-6　予測関数

　図7-6に勾配降下法の中で使う予測関数の定義を示しました。
　たった1行の関数で、わざわざ関数にする必要はないのですが、機械学習の中で最も重要な処理なので、わかりやすいように関数として定義しています。
　Pythonの経験のある読者も「@」の意味はわからない人が多いと思いますが、これは「内積」を意味します。内積を非常にシンプルに実装できるので、これから数多く使用します。文法的な解説は本節最後のコラムに記載したので、コードの意味を詳しく理解したい読者は参照してください。

初期化処理

```
# 初期化処理

# データ系列総数
M  = x.shape[0]

# 入力データ次元数（ダミー変数を含む）
D = x.shape[1]

# 繰り返し回数
iters = 50000

# 学習率
alpha = 0.01

# 重みベクトルの初期値（すべての値を１にする）
w = np.ones(D)

# 評価結果記録用（損失関数値のみ記録）
history = np.zeros((0,2))
```

図 7-7　勾配降下法　初期化処理

　図 7-7 は勾配降下法を実装するための初期設定です。先ほど説明した x.shape の値を使って、入力データ系列の総数 M（今回の例では 506）と入力データの次元数 D（今回の例では 2）を設定しています。

　その後でループの繰り返し回数（iters）と学習率（alpha ＝ α ）を設定しています。重みベクトル w には、np.ones 関数で、すべての要素に 1 を初期値として設定します。

メイン処理

```
# 繰り返しループ
for k in range(iters):

    # 予測値の計算 (7.8.1)
    yp = pred(x, w)

    # 誤差の計算 (7.8.2)
    yd = yp - yt

    # 勾配降下法の実装 (7.8.4)
    w = w - alpha * (x.T @ yd) / M

    # 学習曲線描画用データの計算、保存
    if ( k % 100 == 0):
        # 損失関数値の計算 (7.6.1)
        loss = np.mean(yd ** 2) / 2
        # 計算結果の記録
        history = np.vstack((history, np.array([k, loss])))
        # 画面表示
        print( "iter = %d  loss = %f" % (k, loss))
```

図 7-8　勾配降下法　メイン処理

　図 7-8 に、勾配降下法のメイン処理の実装を示しました。

　下の方の if 以下は、学習曲線を描画するための損失関数値記録用のもので、本質的な部分は最初の 3 行です。

　3 行のそれぞれは 7.8 節で示した 3 つの勾配降下法の式と 1 対 1 に対応しています。コメント欄に数式との対応も記載しましたので、見比べながらそれぞれの処理で何をしているのかを確認してください。

　勾配降下法の計算の行と損失関数値の計算の行は、NumPy[5] の特徴を活かしたコーディングなので、この部分も詳しくはコラムで解説します。T は転置行列（行と列を入れ替える）を作る演算子ですが、なぜ(7.8.4)の実装プログラム

---

[5] Python のライブラリの 1 つで、ベクトルや行列の演算を簡単にするためのものです。機械学習・ディープラーニングのプログラムでは必須といえるライブラリで本書でも標準的に利用することにしています。

で転置行列が必要なのか知りたい読者はコラムを参照してください。

損失関数値

図7-9に開始時と終了時の損失関数値を示しました。終了時の損失関数値は約21.8になっていることがわかります。

```
# 最終的な損失関数初期値、最終値
print('損失関数初期値 : %f' % history[0,1])
print('損失関数最終値 : %f' % history[-1,1])
```

```
損失関数初期値 : 154.224934
損失関数最終値 : 21.800325
```

図7-9　損失関数値のサマリー

散布図上の回帰直線の描画

最適なwが求まった後で、回帰直線を引くために、予測値を計算します。1章の1.2.4項で説明した「学習フェーズ」と「予測フェーズ」の区分でいうと、ここからは「予測フェーズ」に該当します。

まず、入力データxの最小値、最大値をそれぞれmin関数、max関数で求めます。そして、ダミー変数を追加した(1, x_min)と(1, x_max)を入力データとしたときの予測値をpred関数で求めます(y_min, y_max)。(x_min, y_min)と(x_max, y_max)を結んだ直線が回帰直線になっているはずなので、この直線を散布図と重ね書きする形で描画します。図7-10の下のグラフが描画結果ですが、回帰直線が妥当な形で描画されていることがわかります。

```
# 下記直線描画用の座標値計算
xall = x[:,1].ravel()
xl = np.array([[1, xall.min()],[1, xall.max()]])
yl = pred(xl, w)
```

```
# 散布図と回帰直線の描画
plt.figure(figsize=(6,6))
plt.scatter(x[:,1], yt, s=10, c='b')
plt.xlabel('ROOM', fontsize=14)
plt.ylabel('PRICE', fontsize=14)
plt.plot(xl[:,1], yl, c='k')
plt.show()
```

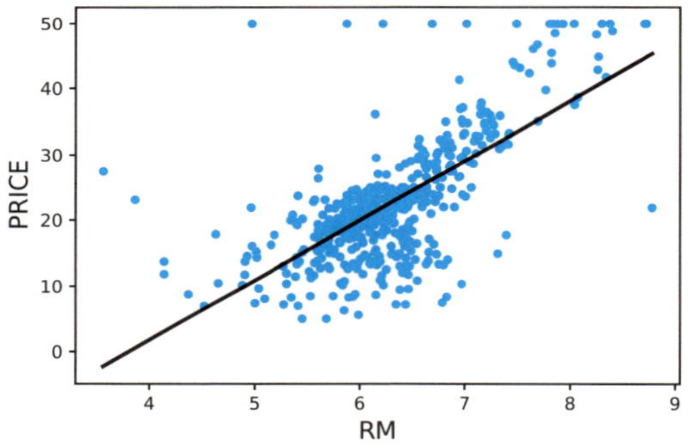

図 7-10　回帰直線の表示

学習曲線の表示

　機械学習では、横軸に繰り返し回数、縦軸に損失関数値などモデルの精度の指標値をとったグラフのことを**学習曲線**といいます。今回の例題で、縦軸に損失関数値をとった学習曲線を表示してみましょう。

　変数 history には、NumPy の形式で（繰り返し回数，損失関数値）をセットで保存しているので、その結果をグラフ表示すればよいだけです。繰り返し処理を行うごとに、損失関数値が一定の値に近づいていく様子がわかります。

```
# 学習曲線の表示（最初の 1 個分を除く）
plt.plot(history[1:,0], history[1:,1])
plt.show()
```

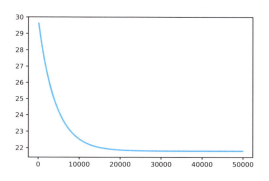

図 7-11　学習曲線の表示

コラム　NumPyを使ったコーディングテクニック

　Python 3.5 で導入された新機能として
「**PEP-465　記号 @ を関数呼び出し np.matmul と等価にする**」
というものがあります。この機能を活用すると、機械学習における行列・ベクトル間の内積が非常にシンプルに表現でき、コードの可読性が上がります。そこで、本書のサンプルコードでは、内積はこの記号を使って実装する方針としています。

　本コラムでは、@ 記号（以下の説明では@演算子という呼び方をします）およびその裏の実装としての np.matmul 関数でどのような演算が可能になるかを実例を含めて紹介します[6]。このコラムで出てくるコードも、巻末に示す読者限定サイトからダウンロードできます（ch07-x-numpy.ipynb）。以下の内容は、ぜひ Jupyter Notebook 上で動作を確認しながら読むようにしてください。

ベクトル同士の内積

　まずは、一番簡単なパターンからです。

---

[6] 機械学習のサンプルコードでは内積の実装としては np.dot 関数を使うことが多いかと思いますが、対象データの次元数が 2 次元以下の場合、np.dot と np.matmul の結果は同じになります。表記法の話もあるので、本書では内積は np.matmul の機能として解説します。

$$\boldsymbol{w} = (\,w_1,\ w_2\,)$$
$$\boldsymbol{x} = (\,x_1,\ x_2\,)$$

という次元のそろった 2 つのベクトル間の内積

$$y = \boldsymbol{w} \cdot \boldsymbol{x}$$

を計算します。(3.7 節の (3.7.2) 参照)

ベクトルは NumPy では 1 次元配列として宣言するので、コード実装は図 7-12 のようになります。確かに @ 演算子で内積計算ができていることがわかると思います。

```
# w = (1, 2)
w = np.array([1, 2])
print(w)
print(w.shape)

[1 2]
(2,)
```

```
# x = (3, 4)
x = np.array([3, 4])
print(x)
print(x.shape)

[3 4]
(2,)
```

```
# (3.7.2)式の内積の実装例
# y = 1*3 + 2*4 = 11
y = x @ w
print(y)

11
```

図 7-12　ベクトル間の内積計算例 [7]

行列とベクトル間の内積

本節の実習で使った入力データ x は、1 件あたりの項目数は 2（ダミー変数を含

---

[7] np.array は NumPy によるベクトル・行列変数を生成するための関数、shape はベクトル・行列の次元数を知るための属性です。

む）なのですが、506 件のデータをすべて含んでいるので、結果的に（506×2）の行列形式のデータとなっています。このような行列形式の入力データと重みベクトルの内積の計算はできるのでしょうか？

そこで、図 7-13 では、x を 3 行 2 列の行列として、行列とベクトル間の内積を計算してみます。行列とベクトル間でも @ 演算子で正しく内積計算ができて、計算結果が 1 次元の NumPy 配列で返ってきていることがわかります。これが図 7-6 の予測関数 pred の実装の原理です。

```
# X は 3 行 2 列の行列
X = np.array([[1,2],[3,4],[5,6]])
print(X)
print(X.shape)
```

```
[[1 2]
 [3 4]
 [5 6]]
(3, 2)
```

```
Y = X @ w
print(Y)
print(Y.shape)
```

```
[ 5 11 17]
(3,)
```

図 7-13　行列とベクトル間の内積計算

データ系列方向の内積計算

図 7-8 の (7.8.4) の実装は、最終的には同じ内積を使っているのですが、中の仕組みがちょっと複雑です。

まずプログラムの元になった数式を再度確認します。

$$\boldsymbol{w}^{(k+1)} = \boldsymbol{w}^{(k)} - \frac{\alpha}{M} \sum_{m=0}^{M-1} yd^{(k)(m)} \cdot \boldsymbol{x}^{(m)} \tag{7.8.4}$$

数式を見やすくするため、繰り返し回数を意味する (k) をはずし、Σ 以下の部分を書き直してみます。

$$\sum_{m=0}^{M-1} yd^{(m)} \cdot \boldsymbol{x}^{(m)}$$

もっと見やすくするため、M = 3 であるとしてΣ記号なしで書き直してみます。

$$yd^{(0)} \cdot \boldsymbol{x}^{(0)} + yd^{(1)} \cdot \boldsymbol{x}^{(1)} + yd^{(2)} \cdot \boldsymbol{x}^{(2)}$$

$\boldsymbol{x}$ は (x_0, x_1) の 2 次元ベクトルなので、この式は結局以下の計算をすることと同じになります。

$$\begin{pmatrix} yd^{(0)}x_0^{(0)} + yd^{(1)}x_0^{(1)} + yd^{(2)}x_0^{(2)} \\ yd^{(0)}x_1^{(0)} + yd^{(1)}x_1^{(1)} + yd^{(2)}x_1^{(2)} \end{pmatrix}$$

この式を見ると、Python の変数 X に関して先ほどと違う向きである、データ系列方向（列の方向）に内積を計算すれば、やりたい計算ができることがわかります。

このような場合に便利な NumPy の演算子として T 演算子があります。これは元の NumPy の行列の転置行列（行と列を入れ替える）を作る演算子です。この演算子と @ 演算子を組み合わせてデータ系列方向の内積計算が可能なことを図 7-14 に示しました。

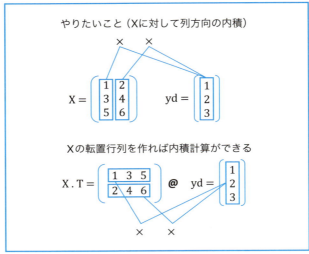

図 7-14　データ系列方向の内積計算の様子

図 7-15 には、実際のコーディングとその結果を示しました。図 7-8 の(7.8.4)

の実装はこの原理を用いることになります。

```
# 転置行列の作成
XT = X.T
print(X)
print(XT)
```

```
[[1 2]
 [3 4]
 [5 6]]
[[1 3 5]
 [2 4 6]]
```

```
yd = np.array([1, 2, 3])
print(yd)
```

```
[1 2 3]
```

```
# 勾配値の計算（の一部）
grad = XT @ yd
print(grad)
```

```
[22 28]
```

図 7-15　データ系列方向の内積計算の実装

NumPy 集計関数を利用した損失関数の計算

7 章の例題での損失関数の計算式は次のものです。

$$L(w_0, w_1) = \frac{1}{2M} \sum_{m=0}^{M-1} (yp^{(m)} - yt^{(m)})^2 \qquad (7.6.1)$$

計算の過程で次のような誤差関数 $yd^{(m)}$ を定義しました。

$$yd^{(m)} = yp^{(m)} - yt^{(m)}$$

この $yd^{(m)}$ を使って(7.6.1)を書き換えると次の式になります。

$$L(w_0, w_1) = \frac{1}{2M} \sum_{m=0}^{M-1} (yd^{(m)})^2 = \frac{1}{2} \left(\frac{1}{M} \sum_{m=0}^{M-1} (yd^{(m)})^2 \right)$$

最後の式のかっこの中は結局 $(yd^{(m)})^2$ の平均値になります。NumPy ではデータ系列に対する集計関数が用意されており、そのうちの 1 つとして平均値を計算する mean 関数があります。この関数を使って損失関数を実装したのが、下記に再掲する(7.6.1)の実装コードとなります。

```
# 損失関数値の計算 (7.6.1)
loss = np.mean(yd ** 2) / 2
```

図 7-16　集計関数（mean）を利用した損失関数の実装

7.10　重回帰モデルへの拡張

　今度は、同じ「The Boston Housing Dataset」のサンプルデータを使って、入力項目に LSTAT（低所得者率）を追加して、2 次元データとしてみます。このように、複数の入力項目がある線形回帰モデルのことを重回帰モデルといいます。名前は変わりましたが、考え方は単回帰モデルとほとんど同じです。
　モデル、計算の式がどのようになるかのみ、以下に書き下してみます。

モデルの記述
　入力項目：
　　RM: 部屋数（x_1）
　　LSTAT: 低所得者率（x_2）
　出力項目：
　　PRICE: 物件価格（y）

予測式

$$yp = w_0 x_0 + w_1 x_1 + w_2 x_2$$

データ系列の書き下し

$$x_1{}^{(0)} = 6.575 \qquad x_2{}^{(0)} = 4.98 \qquad y^{(0)} = 24.0$$
$$x_1{}^{(1)} = 6.421 \qquad x_2{}^{(1)} = 9.14 \qquad y^{(1)} = 21.6$$
$$x_1{}^{(2)} = 7.185 \qquad x_2{}^{(2)} = 4.03 \qquad y^{(2)} = 34.7$$
$$\vdots \qquad\qquad\qquad \vdots \qquad\qquad\qquad \vdots$$
$$x_1{}^{(505)} = 6.030 \qquad x_2{}^{(505)} = 7.88 \qquad y^{(505)} = 11.9$$

損失関数

$$L(w_0, w_1, w_2) = \frac{1}{2M} \sum_{m=0}^{M-1} (yp^{(m)} - yt^{(m)})^2$$
$$yp^{(m)} = w_0 x_0^{(m)} + w_1 x_1^{(m)} + w_2 x_2^{(m)}$$

偏微分の計算結果

$$\frac{\partial L(w_0, w_1, w_2)}{\partial w_i} = \frac{1}{M} \sum_{m=0}^{M-1} yd^{(m)} \cdot x_i^{(m)}$$
$$(\,i = 0,\ 1,\ 2\,)$$
$$yd^{(m)} = yp^{(m)} - yt^{(m)} = w_0 x_0^{(m)} + w_1 x_1^{(m)} + w_2 x_2^{(m)} - yt^{(m)}$$

繰り返し計算のアルゴリズム

$$yp^{(k)(m)} = \boldsymbol{w}^{(k)} \cdot \boldsymbol{x}^{(m)}$$
$$yd^{(k)(m)} = yp^{(k)(m)} - yt^{(m)}$$
$$\boldsymbol{w}^{(k+1)} = \boldsymbol{w}^{(k)} - \frac{\alpha}{M} \sum_{m=0}^{M-1} yd^{(k)(m)} \cdot \boldsymbol{x}^{(m)}$$

　最後の繰り返し計算のアルゴリズムの式には、どこにも入力データの次元数を示す数字がありません。これは、単回帰のときに作った数式・処理が一般化を十分考えたものだったので、重回帰に変えても処理ロジックの修正はいらな

いということを意味しています。

本当にそうなのでしょうか？　本節では一気にコーディングまで行い、そのことを実際に確かめてみましょう。

入力データ項目の追加

図 7-17 に重回帰用の入力データ作成の実装コードを記載しました。'LSTAT' の項目の列を元の行列 x に hstack 関数で追加し、新しい入力データの行列を x2 としました。

```
# 列（LSTAT: 低所得者率）の追加
x_add = x_org[:,feature_names == 'LSTAT']
x2 = np.hstack((x, x_add))
print(x2.shape)
```

(506, 3)

```
# 入力データ x の表示（ダミーデータを含む）
print(x2[:5,:])
```

```
[[1.      6.575  4.98 ]
 [1.      6.421  9.14 ]
 [1.      7.185  4.03 ]
 [1.      6.998  2.94 ]
 [1.      7.147  5.33 ]]
```

図 7-17　入力データ項目の追加

あとは、元の繰り返し計算のセルをコピーして、セルの中で x となっている場所を x2 に書き換えればうまくいくはずです。早速やってみたところ…。

```python
# 初期化処理

# データ系列総数
M  = x2.shape[0]

# 入力データ次元数(ダミー変数を含む)
D = x2.shape[1]

# 繰り返し回数
iters = 50000

# 学習率
alpha = 0.01

# 重みベクトルの初期値(すべての値を 1 にする)
w = np.ones(D)

# 評価結果記録用(損失関数値のみ記録)
history = np.zeros((0,2))
```

```python
# 繰り返しループ
for k in range(iters):

    # 予測値の計算 (7.8.1)
    yp = pred(x2, w)

    # 誤差の計算 (7.8.2)
    yd = yp - yt

    # 勾配降下法の実装 (7.8.4)
    w = w - alpha * (x2.T @ yd) / M

    # 学習曲線描画用データの計算、保存
    if ( k % 100 == 0):
        # 損失関数値の計算 (7.6.1)
        loss = np.mean(yd ** 2) / 2
        # 計算結果の記録
        history = np.vstack((history, np.array([k, loss])))
        # 画面表示
        print( "iter = %d  loss = %f" % (k, loss))
```

```
iter = 0    loss = 93.738640
iter = 100  loss = 1484112263471391728017288357484.000000
iter = 200  loss = 10498133171484197911082031346182272177420981884732949068251136.000000
```

図 7-18　重回帰　最初の計算

　図 7-18 を見てください。損失関数の値は収束するどころか、みるみる大きな値になってしまい、最後はオーバーフローエラーを起こしてしまいました。
　これは、新しい変数が追加され、条件が変わったことにより最適な学習率も変わったことに由来しています。勾配降下法は学習率が大きすぎると常にこのようなことが起きる可能性があるのです。
　今回のケースの場合、学習率を元の 0.01 から 0.001 に変更する必要がありました。今回の条件の場合、この学習率でも十分に早く収束するのにあわせて繰り返し回数は小さな値に変更しています。

　図 7-19 では新しいパラメータの値に修正し、図 7-20 に適切なパラメータで実行した場合の結果を示しました。

```
# 初期化処理（パラメータを適切な値に変更）

# データ系列総数
M  = x2.shape[0]

# 入力データ次元数（ダミー変数を含む）
D = x2.shape[1]

# 繰り返し回数
#iters = 50000
iters = 2000

# 学習率
#alpha = 0.01
alpha = 0.001
```

図 7-19　修正後のパラメータ

```
# 最終的な損失関数初期値、最終値
print('損失関数初期値 : %f' % history[0,1])
print('損失関数最終値 : %f' % history[-1,1])

損失関数初期値 : 112.063982
損失関数最終値 : 15.280228
```

図 7-20　損失関数値

最終的な損失関数値は 15.3 程度となりました。単回帰のときの損失関数が 21.8 程度だったので、新しく変数を 1 つ追加したことで予測の精度が相当上がったことがわかります。

このケースの学習曲線は図 7-21 の通りです。500 回程度の繰り返し回数で損失関数がほぼ収束していることがわかります。

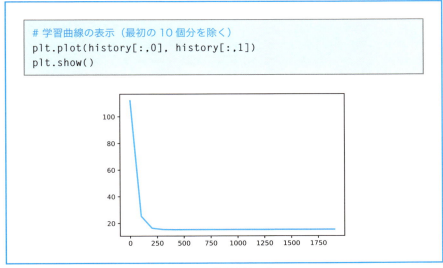

図 7-21　学習曲線の表示

コラム　学習率・繰り返し回数の調整方法

　本章の最後の実習では、学習率が大きすぎることがわかったわけですが、実際にこういう問題に遭遇したらどのように値を調整していけばよいでしょうか？　決まった方法があるわけではないのですが、1/10 ずつ小さくしていって、必要に応じて微調整していくのが 1 つの方法です。

　今回の場合は、最初の修正で元の値の 1/10 にしたところ、ちゃんと収束したので、この値を最終的な学習率としています。繰り返し回数に関しても考え方は同じで、まず学習曲線の状況を見て 10 倍ずつ大きくしておおよその値を確かめ、あとは 1/2 とか 1/5 にして最終的な値を決めています。

　今回の実習を通じて機械学習における**「学習率」の重要性**がわかったと思います。そして「一般的に学習率をどう決めたらよいか」というのが、次の疑問として出てくると思います。残念ながらこの問いに対する明確な答えというものはありません。「入力データの性質により都度変わってくるので実際に試行錯誤を重ねて見つけていくしかない」というのが、回答になります。

　より実践に近い機械学習では、入力データの前処理として正規化（入力データの平均値、変動幅をそろえる）をすることが多いです。この場合、経験的に学習率は 0.01 から 0.001 程度にするとうまくいくことが多いといえます。

Chapter 8

ロジスティック回帰モデル (2 値分類)

必須 ディープラーニングの実現に必須の概念	1章 回帰1	7章 回帰2	8章 2値分類	9章 多値分類	10章 ディープラーニング
1　損失関数	○	○	○	○	○
3.7　行列と行列演算			○	○	○
4.5　勾配降下法		○	○	○	○
5.5　シグモイド関数			○		○
5.6　softmax関数				○	○
6.3　尤度関数と最尤推定			○	○	○
10　誤差逆伝播					○

Chapter 8 ロジスティック回帰モデル（2値分類）

 前章で取りあげた線形回帰モデルに引き続き、本章では分類をする代表的な機械学習モデルである、ロジスティック回帰モデルを取りあげます。

 機械学習を利用した分類問題も、細かく見ると2値分類と多値分類の2つに分けられます。本章ではこのうち、比較的簡単な2値分類のモデルを取り扱います。

 線形回帰モデルと比較するとモデルの構造は複雑ですが、理論編で学んだ数学の基礎概念を身につけていれば、すべて理解できる内容ばかりです。ぜひ、頑張って理解してください。

 図8-1に前章同様、本章の構成の見取り図をつけました。本章の中でやっている内容がわからなくなったときは、この図を見返して今何をやっているか確認するようにしてください。

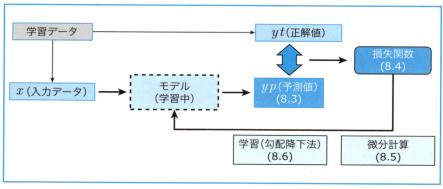

図8-1　本章の構成

8.1　例題の問題設定

　本章で例題の題材に取りあげるデータとしては、前章で利用した「The Boston Housing Dataset」と並んでよく利用される公開データである「Iris

Data Set」を利用します。

図 8-2　Iris Data Set
https://archive.ics.uci.edu/ml/datasets/iris より。

"Setosa"、"Versicolour"、"Virginica" という 3 種類の品種のアヤメのがく片 (Sepal)、花弁（Petal）の幅および長さを計測したデータで、分類の課題の題材としてよく用いられます。

オリジナルのデータは

sepal length (cm)	がく片の長さ
sepal width (cm)	がく片の幅
petal length (cm)	花弁の長さ
petal width (cm)	花弁の幅

の 4 次元データが、3 つの花の種類それぞれ 50 件ずつ、計 150 件存在します。

本章では処理を単純化するため、"setosa"(class=0)、"versicolour"(class=1) の 2 種類の花のデータ計 100 件を、sepal length(x_1) と sepal width(x_2) の 2 次元データで分類するという形式の問題に変えました。

このデータ加工によりオリジナルの多値分類の問題は、2 値分類の問題に変わります（次章では、オリジナルのデータをそのまま全部利用して、入力：4 次元データ、出力：3 種類の分類、つまり多値分類の問題として解きます）。

加工後の学習データは表 8-1 のようなものとなります。

下の表で正解値 yt が 0 と 1 の値をとっていることに注目してください。これから説明するロジスティック回帰の仕組みは、予測値が 0 と 1 の 2 値であることを利用した仕組みになっています。もし予測値が 0 と 1 になっていない場合は、前処理で予測値を 0 と 1 に変換しておく必要がありますので、注意してください。

表 8-1　学習データの様子

yt（正解値）	x_1（がく片の長さ）	x_2（がく片の幅）
0	5	3.2
0	5	3.5
1	5	2.3
1	5.5	2.3
1	6.1	3

8.2　回帰モデルと分類モデルの違い

　図 8-3 は前章の回帰問題（左）と本章の分類問題（右）の学習データの散布図です。

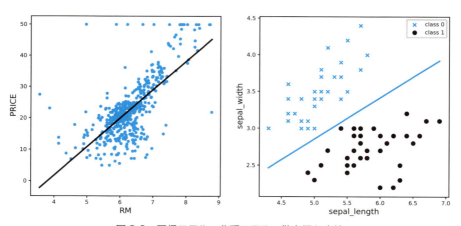

図 8-3　回帰モデル・分類モデルの散布図と直線

　2 値分類とは、2 つのグループの間に境界線を引く問題に帰着します。また、

ロジスティック回帰というモデルは、境界線として直線を用います。この境界線のことを**決定境界**と呼びます。

学習対象とするのは同じ直線ですが、**回帰**の時は入力データ（x）と出力データ（y）の関係を示す直線であり、処理対象の点すべてをいかにその直線に近づけるかが目的でした。

これに対して**分類**では、入力データをグループ分けすることが目的で、直線はグループ分けのための境界線として使います。問題の性質が回帰とはまったく違うことがわかります。そのため、予測関数をどうするか、損失関数をどうするかということから考え直す必要があります。

8.3　予測モデルの検討

入力変数が x_1 と x_2 の2つであり、次の式のような線形関数（1次関数）の計算結果に基づいて分類することを考えます。

$$u = w_0 + w_1 x_1 + w_2 x_2 \tag{8.3.1}$$

この場合、真っ先に考えられるのは

u の値が負 → class = 0

u の値が正 → class = 1

という基準で判断をして、なんらかの方法で w の値を調整していって、多くの観測値に対して正解が得られるようにすることです。

実は、この方式はニューラルネットワークの一番初期に考えられた「パーセプトロン」と呼ばれるモデルの考え方とほぼ同じです。しかし、パーセプトロンによる分類には限界があることがわかっているので、勾配降下法を使った、より性能のよい分類方式を検討することにします。

前章で説明したように、勾配降下法のポイントは、パラメータで微分可能な損失関数を定め、その損失関数の値が一番効率よく小さくなる向きに少しずつパラメータの値を変えていくところにありました。

分類についてもこの仕組みにのせたい場合、損失関数はパラメータで微分可能な関数、言いかえるとパラメータ w の変化に伴い連続的に変化する関数である必要があります。損失関数は予測値と正解値から計算されるものなので、結

論として

「**予測値を計算する関数はパラメータ w に関して連続的に変化する必要がある**」

ということになります[1]。
　この考察から出てきたのが

「**(8.3.1)の計算結果をある関数にかけることで確率値（0から1の範囲の値）に変換する。この確率値を予測値とする**」

という方針です。そして、確率値に変換するために使われるのが5.5節で紹介した(8.3.2)の式で表される**シグモイド関数**なのです。

$$f(x) = \frac{1}{1 + \exp(-x)} \tag{8.3.2}$$

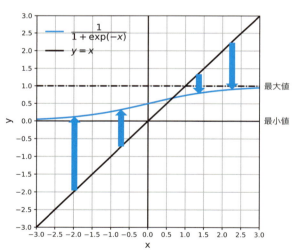

図8-4　シグモイド関数のグラフ

図8-4はシグモイド関数のグラフと、直線 $y = x$ のグラフを重ね書きした図

---

[1] 先ほど説明したパーセプトロン的な方法の場合、予測値は0か1の2値で変化は連続的ではなく離散的なので、この条件に合致しません。

です。関数を呼び出す前の値から関数呼び出しによりどのように値が変化したかは、図の中に矢印で示しました。マイナス方向の無限大からプラス方向の無限大まですべての値に対して、関数呼び出し後は0から1までの値に押し込められている様子がわかると思います。

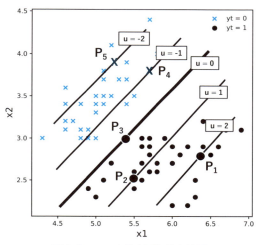

図8-5 データ散布図と決定境界

図8-5を見てください。ここで、決定境界を示す直線（図8-5で中央の太い斜線）の式が以下のものとします。

$$w_0 + w_1 x_1 + w_2 x_2 = 0$$

データの分布が上の図のようになっている場合、決定境界の直線の傾きは正になるはずです。これは w_1 と w_2 の符号の向きが逆ということなので[2]、上の式で $w_1 > 0,\ w_2 < 0$ という前提を置くことにします[3]。

この時

$$w_0 + w_1 x_1 + w_2 x_2 = u$$

---

[2] 式を書き換えると $x_2 = -(w_1/w_2)x_1 - (w_0/w_2)$ となります。傾きが正 → $-(w_1/w_2) > 0$ → w_1 と w_2 の符号が逆となります。
[3] 決定境界の式が $w_1 < 0,\ w_2 > 0$ である場合は、式全体に-1をかければ上の条件を満たす式を作れるはずです。

という直線で u を 1, 2, … または -1, -2, … と変化させていくと、図の細い直線の式になります。

そこで、図 8-5 で P_1, P_2, P_3, P_4, P_5 という 5 つの代表的な点をとって、それぞれの点で $u = w_0 + w_1 x_1 + w_2 x_2$ という 1 次関数 u の値と、その値をシグモイド関数にかけた結果 $f(u)$ の値がどうなるか整理したのが次の表 8-2 です（$f(u)$ は小数第 3 位で四捨五入しています）。

表 8-2 散布図の代表的な点での u と $f(u)$ の値

P_m	yt（正解値）	u	$f(u)$
P_1	1	2	0.88
P_2	1	1	0.73
P_3	1	0	0.5
P_4	0	-1	0.27
P_5	0	-2	0.12

境界線（決定境界）より右下方向にあり、class = 1（散布図で●表示）に属している点 P_1 と P_2 はいずれも $f(u)$ の値が 0.5 より大きくなっています。また、P_1 と P_2 を比較すると P_1 の方が境界線から離れているのでその分「確実に」class = 1 であるということがいえそうですが、このことも $f(u)$ の値が大きいことで示されています。

同じ話は境界線より左上方向にあり、class = 0（散布図で×表示）に属している点 P_5 と P_4 に対してもいえます。

$f(u)$ の値については、P_1 と P_5 の値、P_2 と P_4 の値を足すと 1 になります。なぜこうなるかは、5.5 節で説明してあるので、忘れてしまった読者は復習してください。

この性質を利用すると、P_5 に関して「class = 1 である確率」= 0.12 であるなら、その逆の「class = 0 である確率」は $1 - 0.12 = 0.88$ と求めることができます。

最後にちょうど境界線上にある P_3 に関して考えてみます。この点は正解としては class = 1 で「●グループ」なのですが、散布図を見る限り判断が一番微妙になりそうです。このことも、この点に対する確率値 $f(u)$ が 0.5 になって

いることと整合性がとれています。

これらの結果はすべて「$f(u)$ の値を確率とみなす」という考えと辻褄が合っていそうです。

以上の話をまとめると次のようになります。

(1) $(x_1,\ x_2)$ の入力データに対して $u = w_0 + w_1x_1 + w_2x_2$ の値を計算。
(2) (1)で得られた u の値を使い $f(u)$ を計算。
　　ここで $f(u)$ は以下の式で定義されるシグモイド関数。

$$f(x) = \frac{1}{1 + \exp(-x)}$$

(3) この計算の結果得られた $f(u)$ の値は「該当する点が class = 1 に属している確率」を示す値と考えられる。
(4) この $f(u)$ の値を y の予測値 yp と考えることにする。
(5) **予測値から分類をする場合は、予測値が 0.5 より大きいかどうかで判断する。**
(6) yp を $w(w_0,\ w_1,\ w_2)$ の関数と考えると、w の変化に応じて連続的に値が変化する。このことは本節で設定した原則と合致する。

(1)で行う

$$w_0 + w_1x_1 + w_2x_2$$

の計算に関しては、前章同様に

$$w_0 \cdot 1 + w_1x_1 + w_2x_2$$

と見ることによりダミー変数 $x_0 = 1$ を追加して $x = (x_0,\ x_1,\ x_2)$ と $w = (w_0,\ w_1,\ w_2)$ の内積と考えることができます。

そして予測のアルゴリズムを数式に表すと、次のようになります。

$$u = \boldsymbol{w} \cdot \boldsymbol{x} \tag{8.3.3}$$

$$yp = f(u) \tag{8.3.4}$$

$$f(x) = \frac{1}{1 + \exp(-x)} \tag{8.3.5}$$

この仕組みを図で示すと図8-6のようになります。

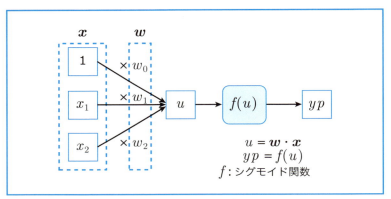

図 8-6　2 値ロジスティック回帰の予測モデル

予測関数はこれで決まりました。次節では、この新しい予測関数に適した損失関数について検討します。

> ### コラム　予測値を確率化する裏の意味
>
> yp の値が 1 に近いということは、「対象とする標本点の class = 1 である確率が高い」ということなのですが、正解値を yt で表すと「$yt - yp$ が数値として 0 に近い」ということも意味します。
>
> 逆に yp の値が 0 に近いということは、「対象とする標本点の class = 0 である確率が高い」ということと、「$yt - yp$ が数値として 0 に近い」ということを同時に意味しています。
>
> これは、class の値を 0 と 1 の値をとるようにしたことと、予測値を確率にしたことの 2 つの組み合わせで初めて可能になった巧妙なトリックです。そして、この裏の意味がこの後の損失関数の定義のときに役立つことになります。

8.4 損失関数 (交差エントロピー関数)

今までの話をもう一度整理します。予測フェーズでのモデルの振るまいとして

$$u(x_1, x_2) = w_0 + w_1 x_1 + w_2 x_2$$

としたときに、シグモイド関数

$$f(x) = \frac{1}{1 + \exp(-x)}$$

を使って

$$yp = f(u) = f(w_0 + w_1 x_1 + w_2 x_2)$$

の値を正解値 $yt = 1$ (図 8-5 の散布図でいうと●) になる確率とみなすということでした。

本章の問題設定では、yt の値は 1 か 0 かのどちらかなので、もし $yt = 1$ の確率が yp なら $yt = 0$ の確率は $1 - yp$ になります。つまり、正解値を yt、その時のモデルが正解値の可能性を示す確率値を $P(yt, yp)$ で表すと以下のようになります。

$$P(yt, yp) = \begin{cases} yp & (yt = 1 \text{の場合}) \\ 1 - yp & (yt = 0 \text{の場合}) \end{cases}$$

これから、この確率値を用い 6.3 節で説明した最尤推定により損失関数を定義していきます。最尤推定の復習を兼ねてやり方を説明すると以下のようになります。

・上記の予測値 P を「確率値」とみなす
・この「確率値」を基に、個別の確率値の積として尤度関数を定義
・尤度関数の対数をとった対数尤度関数を損失関数として定義

話を単純にするため、最初はモデルの入力となるデータは 5 個だけにします。

入力値: $\bm{x}^{(1)}, \bm{x}^{(2)}, \bm{x}^{(3)}, \bm{x}^{(4)}, \bm{x}^{(5)}$

正解値: $yt^{(1)}, yt^{(2)}, yt^{(3)}, yt^{(4)}, yt^{(5)}$

入力値 $\bm{x}$ は $(x_0, x_1, x_2) = (1, x_1, x_2)$ というベクトルです。

正解値 yt は 0 か 1 かのどちらかの値をとるのですが、仮に $(yt^{(1)}, yt^{(2)}, yt^{(3)}, yt^{(4)}, yt^{(5)}) = (1, 0, 0, 1, 0)$ であるとします。

そして、それぞれの入力データ $\bm{x}^{(m)}$ に対して予測値 $yp^{(m)}$ を次のように定義します。

$$u^{(m)} = \bm{x}^{(m)} \cdot \bm{w}$$
$$yp^{(m)} = f(u^{(m)})$$

次に 6.3 節で作ったのと同じような表を作ってみます。

表 8-3　5 回の標本データごとの確率値

m	$yt^{(m)}$（正解値）	$u^{(m)}$	$yp^{(m)}$	$P^{(m)}$
1	1	$\bm{x}^{(1)} \cdot \bm{w}$	$f(u^{(1)})$	$yp^{(1)}$
2	0	$\bm{x}^{(2)} \cdot \bm{w}$	$f(u^{(2)})$	$1 - yp^{(2)}$
3	0	$\bm{x}^{(3)} \cdot \bm{w}$	$f(u^{(3)})$	$1 - yp^{(3)}$
4	1	$\bm{x}^{(4)} \cdot \bm{w}$	$f(u^{(4)})$	$yp^{(4)}$
5	0	$\bm{x}^{(5)} \cdot \bm{w}$	$f(u^{(5)})$	$1 - yp^{(5)}$

くどいようですが、今は学習フェーズの話をしているので、上の表の中で、$\bm{x}^{(m)}$ と $yt^{(m)}$ は観測値としての定数、$\bm{w} = (w_0, w_1, w_2)$ が変数です。$u^{(m)}$ の中には (w_0, w_1, w_2) が含まれているので、それぞれの試行の確率値 $P^{(m)}$ は、$u^{(m)}$ を介在した形で (w_0, w_1, w_2) の関数になっています。

ここで尤度関数 Lk を定義します。尤度関数 Lk は標本データ別の 5 つの確率値の積で表されます。

$$Lk = P^{(1)} \cdot P^{(2)} \cdot P^{(3)} \cdot P^{(4)} \cdot P^{(5)} \tag{8.4.1}$$

尤度関数の対数をとった式を対数尤度関数と呼びます。(8.4.1)に対する対数尤度関数は、5.2節で説明した対数の公式(5.2.1)を使うと以下の形になります。

$$\log(Lk) = \log(P^{(1)} \cdot P^{(2)} \cdot P^{(3)} \cdot P^{(4)} \cdot P^{(5)})$$
$$= \log(P^{(1)}) + \log(P^{(2)}) + \log(P^{(3)}) + \log(P^{(4)}) + \log(P^{(5)})$$

具体的な $P^{(m)}$ の式は先ほどの表にある通り、$yt^{(m)}$ の値によって変わってしまうため、このままでは、この先で行う微分計算が大変です。

そこで、次のような技巧を使って、式を1本にまとめます。

$$\log(P^{(m)}) = yt^{(m)} \log(yp^{(m)}) + (1 - yt^{(m)}) \log(1 - yp^{(m)}) \quad (8.4.2)$$

この式だけ見ても全然意味がわからないと思います。表8-3を基に、$m=1$ の場合、$m=2$ の場合それぞれで計算してみましょう。

$m=1$ の場合:

$$yt^{(1)} = 1 \rightarrow$$
$$yt^{(1)} \log(yp^{(1)}) + (1 - yt^{(1)}) \log(1 - yp^{(1)})$$
$$= 1 \cdot \log(yp^{(1)}) + (1-1) \log(1 - yp^{(1)}) = \log(yp^{(1)})$$

$m=2$ の場合:

$$yt^{(2)} = 0 \rightarrow$$
$$yt^{(2)} \log(yp^{(2)}) + (1 - yt^{(2)}) \log(1 - yp^{(2)})$$
$$= 0 \cdot \log(yp^{(2)}) + (1-0) \log(1 - yp^{(2)}) = \log(1 - yp^{(2)})$$

表8-3と見比べると、**$yt^{(m)}$ の値が0か1しかとらない条件をうまく使って**、どちらの場合も(8.4.2)が成り立っていることがわかると思います。8.1節の最後に、2値ロジスティック回帰では、**正解値 yt のとる値は0と1の値である必要がある**と説明したのはこういう理由からだったのです。

(8.4.2)の式とΣを使って対数尤度関数を書き直すと次のようになります。

$$\log(Lk) = \sum_{m=1}^{5} \log\left(P^{(m)}\right)$$
$$= \sum_{m=1}^{5} \left(yt^{(m)} \log\left(yp^{(m)}\right) + (1 - yt^{(m)}) \log\left(1 - yp^{(m)}\right)\right)$$

この対数尤度関数の式に、次の点の考慮を加えます。

(1) 上の式は考えやすくするためデータ件数 5 件で計算をしましたが、一般的にデータ件数 M 件の場合に拡張します。
(2) 学習フェーズなので、上の式は $(w_0,\ w_1,\ w_2)$ の関数です。このことを関数の引数として明示します。
(3) 尤度関数は値を最大にすることが目的の関数ですが、勾配降下法の損失関数は値を最小にすることを目標にします。そこで、上の尤度関数に -1 をかけて損失関数とします。
(4) この式は個別の標本点ごとの式 (8.4.2) の和になっています。前章で検討したように、データ件数が多くなると件数に比例して値が大きくなってしまい、損失関数間での精度の比較が難しくなってしまうので、平均をとることでデータ件数の影響をなくします。
(5) Python では配列のインデックスは 0 から始まるので、m の開始値を 0 とします。

すると最終的な損失関数の式は次の形になります[4]。

$$L(w_0, w_1, w_2) = -\frac{1}{M} \sum_{m=0}^{M-1} \left(yt^{(m)} \cdot \log\left(yp^{(m)}\right) + (1 - yt^{(m)}) \log\left(1 - yp^{(m)}\right)\right)$$
(8.4.3)

ただし

$$u^{(m)} = \boldsymbol{w} \cdot \boldsymbol{x}^{(m)} = w_0 + w_1 x_1^{(m)} + w_2 x_2^{(m)}$$
$$yp^{(m)} = f(u^{(m)})$$

---

[4] 実は (8.4.3) の式が登場するのは本書で 2 度目です。最初に出てきたのは 1.5 節「機械学習・ディープラーニングにおける数学の必要性」のところだったのですが覚えているでしょうか？ 今回この数式がすっと頭に入ってきたなら、本書で学んだ数学的概念が身についてきているということになります。

$$f(x) = \frac{1}{1 + \exp(-x)}$$

(8.4.3)式は、情報理論のエントロピーの式に似ているため、**交差エントロピー**と呼ばれています[5]。

交差エントロピー関数の微分

(8.4.3)は複数のデータに対する交差エントロピー関数の平均なのですが、微分計算をするときは、Σの中の特定の交差エントロピー関数の微分をして、後でΣ計算をすればよいです。次節で損失関数の微分計算をすることになるので、それに先だって特定の項目に対する交差エントロピー関数の微分計算をしておきます。

式を見やすくするため $yt^{(m)} = yt$、$yp^{(m)} = yp$ と置き換えます。また、特定の項目に対する交差エントロピー関数を ce で表すことにします。

$$ce = -(yt \log(yp) + (1 - yt) \log(1 - yp))$$

学習フェーズの話なので yt は定数、yp が変数です。そこで、上の ce の式を yp で微分すればよいことになります。

5.3節で $f(x) = \log x$ のとき、$f'(x) = \dfrac{1}{x}$ という計算をしました。その結果を利用すると、微分の結果は次のようになります[6]。

$$\begin{aligned}
\frac{d(ce)}{d(yp)} &= -\frac{yt}{yp} - \frac{(1-yt)(-1)}{1-yp} = \frac{-yt(1-yp) + yp(1-yt)}{yp(1-yp)} \\
&= \frac{yp - yt}{yp(1-yp)}
\end{aligned} \quad (8.4.4)$$

(8.4.4)の結果は次節で利用することになります。

---

[5]「交差」という言葉が使われるのは正解値 $yt^{(m)}$ と予測値 $yp^{(m)}$ が混ざって出てきているからです。交差エントロピーのより深い意味については、物語風の立て付けで、本章最後のコラムに書いてみました。関心のある方はご一読ください。

[6] $\log(1-x)$ の微分は $u = 1 - x$ を置いて、合成関数の微分の公式を利用します。

8.5 損失関数の微分計算

前節で、w を求めるための損失関数の式ができあがりました。次に損失関数の極小値を求める、つまり最尤推定をするため、関数の式の偏微分を計算します。一見複雑な式に見えるのですが、学習フェーズでは x と y は定数で、w のみが変数であることに注意すると、意外と簡単に微分計算ができます。

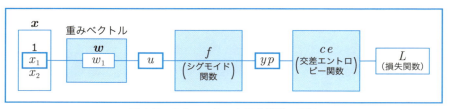

図8-7 入力データ x と損失関数の関係

図8-7を見てください。この図は、入力データ $\boldsymbol{x}$ から損失関数値が計算されるまでの処理を模式的に示したものです。$u \to yp \to L$ という形で値が計算されるそれぞれの過程が関数なので、全体として大きな1つの合成関数になっていると考えられます。

今、この図を基に損失関数 L を重みベクトルの1要素 w_1 で偏微分した結果を計算したいとします[7]。すると、4.4節で導出した偏微分を含んだ形の合成関数の微分の公式(4.4.7)より

$$\frac{\partial L}{\partial w_1} = \frac{dL}{du} \cdot \frac{\partial u}{\partial w_1} \tag{8.5.1}$$

u と w_1 の関係は以下の通りでした。

$$u(w_0, w_1, w_2) = w_0 + w_1 x_1 + w_2 x_2$$

よって

$$\frac{\partial u}{\partial w_1} = x_1 \tag{8.5.2}$$

---

[7] 本来損失関数は複数のデータ系列の交差エントロピー関数の値の平均なのですが、しばらくは計算を簡単にするためこの点を無視して計算し、最後のまとめでデータ系列を考慮することにします。

(8.5.2)の結果を(8.5.1)に代入すると

$$\frac{\partial L}{\partial w_1} = x_1 \cdot \frac{dL}{du} \tag{8.5.3}$$

$\dfrac{dL}{du}$ に対してはもう一度、合成関数の微分の公式を適用します。

$$\frac{dL}{du} = \frac{dL}{d(yp)} \cdot \frac{d(yp)}{du} \tag{8.5.4}$$

損失関数は交差エントロピー関数なので、(8.4.4)の結果から

$$\frac{dL}{d(yp)} = \frac{d(ce)}{d(yp)} = \frac{yp - yt}{yp(1 - yp)} \tag{8.5.5}$$

図8-6から、(8.5.4)の右辺の2つめの微分はシグモイド関数の微分なので、5.5節の結果が利用できます。

$$\frac{d(yp)}{du} = yp(1 - yp) \tag{8.5.6}$$

(8.5.4)に(8.5.5)と(8.5.6)を代入すると、

$$\frac{dL}{du} = \frac{dL}{d(yp)} \cdot \frac{d(yp)}{du} = \frac{yp - yt}{yp(1 - yp)} \cdot yp(1 - yp) = yp - yt \tag{8.5.7}$$

途中は複雑な式でしたが、分子分母で約分できて最後は驚くほど簡単な式になりました。しかも、yp というのは確率を意味する予測値、yt というのは1または0の値をとる正解値なので、**$yp - yt$ という式は「誤差」を意味する**ことになります。そこで

$$yd = yp - yt \tag{8.5.8}$$

という式で「誤差」yd を定義します。すると、当初の目的であった損失関数 L の w_1 による偏微分の結果は次のようになります。

$$\frac{dL}{du} = yd$$

$$\frac{\partial L}{\partial w_1} = x_1 \cdot yd$$

データ系列の添え字とΣを元に戻すと次の式になります。

$$\frac{\partial L}{\partial w_1} = \frac{1}{M} \sum_{m=0}^{M-1} x_1^{(m)} \cdot yd^{(m)}$$

他の2つの偏微分の結果も次のようになることはすぐわかると思います。

$$\frac{\partial L}{\partial w_0} = \frac{1}{M} \sum_{m=0}^{M-1} x_0^{(m)} \cdot yd^{(m)}$$

$$\frac{\partial L}{\partial w_2} = \frac{1}{M} \sum_{m=0}^{M-1} x_2^{(m)} \cdot yd^{(m)}$$

偏微分の添え字を$i(i=0, 1, 2)$とすると、この式は1本にまとめられます。

$$\frac{\partial L}{\partial w_i} = \frac{1}{M} \sum_{m=0}^{M-1} x_i^{(m)} \cdot yd^{(m)}$$

$$i = 0, 1, 2$$

　この式だけ見ると、7.7節で導出した線形回帰の偏微分の式とまったく同じになっています。少し先回りして説明すると、2値分類だけでなく多値分類のときも、さらにはディープラーニングの場合でも、この誤差の値ydを出発点にしてすべての重みの変化分を計算できるのです。この点については、9章、10章で詳しく解説します。

8.6　勾配降下法の適用

　6.3節の最尤推定では、尤度関数の微分の値がゼロという式を方程式として解けたので、最適なパラメータがすぐ求まりました。
　しかし、今回の場合は式が複雑でこのような方法がとれないので、勾配降下法で繰り返し計算により、最適なパラメータを求める必要があります。繰り返

しのアルゴリズムは、7章の線形回帰の場合とほぼ同じです。
前章同様に書き下してみると、次のようになります。

最初に個々の添え字、変数の意味を改めて整理しておきます。

【添え字】
　k：繰り返し回数 index
　m：データ系列 index
　i：ベクトル要素 index

【変数】
　M：データ系列の総数
　α ：学習率

$$u^{(k)(m)} = \boldsymbol{w}^{(k)} \cdot \boldsymbol{x}^{(m)} \tag{8.6.1}$$

$$yp^{(k)(m)} = f(u^{(k)(m)}) \tag{8.6.2}$$

$$f(x) = \frac{1}{1+\exp(-x)} \tag{8.6.3}$$

$$yd^{(k)(m)} = yp^{(k)(m)} - yt^{(m)} \tag{8.6.4}$$

$$w_i^{(k+1)} = w_i^{(k)} - \frac{\alpha}{M} \sum_{m=0}^{M-1} x_i^{(m)} \cdot yd^{(k)(m)} \tag{8.6.5}$$
$i = 0,\ 1,\ 2$

前章と同様に最後の(8.6.5)は、次のベクトルの式に書き換え可能です。

$$\boldsymbol{w}^{(k+1)} = \boldsymbol{w}^{(k)} - \frac{\alpha}{M} \sum_{m=0}^{M-1} \boldsymbol{x}^{(m)} \cdot yd^{(k)(m)} \tag{8.6.6}$$

予測値 yp の計算でシグモイド関数が入ること（8.6.2 と 8.6.3）を除いて、7章とまったく同じアルゴリズムで重みベクトルの計算ができる形になってい

ます。本当にそうなのか、実際にコーディングして確認してみましょう。

8.7　プログラム実装

ここから先は、実際のコードを動かして確認していきましょう。

コードの全体は巻末に示す読者限定サイトからダウンロードできます。前章のときと同様、機械学習と関係のある本質的な部分のみ抜き出して解説することにします。

学習データと検証データの分割

前節ではデータ準備にかかわるコードは一切解説しなかったのですが、今回は下記の部分に関して解説をします。

```python
# 元データのサイズ
print(x_data.shape, y_data.shape)
# 学習データと検証データに分割（シャフルも同時に実施）
from sklearn.model_selection import train_test_split
x_train, x_test, y_train, y_test = train_test_split(
    x_data, y_data, train_size=70, test_size=30,
    random_state=123)
print(x_train.shape, x_test.shape, y_train.shape, y_test.shape)

(100, 3) (100,)
(70, 3) (30, 3) (70,) (30,)
```

図 8-8　学習データと検証データの分割

図8-8を見てください。一般的に機械学習モデルでは、学習に使ったデータをそのままモデルにかけると高い精度の結果になる傾向があります。そこでモデルの精度を正確に測定するためによく使われるのが以下の方法です。

・学習データを一定の比率で「学習用」「検証用」に分割
　（比率に特に決まりはありませんが7対3や8対2が標準的です）
・学習は「学習用」データを用いて行う

・モデルの評価は「検証用」データを用いて行う

　上のコードの「train_test_split」とはデータを学習用と検証用に分割する関数です。上のコードは、元の 100 件のデータ（この段階では最初の 50 件は class = 0、次の 50 件は class = 1 ときれいにそろっている）をランダムにシャッフルした上で学習用 70 件、検証用 30 件に分割する処理をしています。

整備後の学習データ

```
# 学習用変数の設定
x = x_train
yt = y_train
```

```
# 入力データ x の表示（ダミーデータを含む）
print(x[:5])
```

```
[[1.  5.1 3.7]
 [1.  5.5 2.6]
 [1.  5.5 4.2]
 [1.  5.6 2.5]
 [1.  5.4 3. ]]
```

```
# 正解値 yt の表示
print(yt[:5])
```

```
[0 1 0 1 1]
```

図 8-9　学習データの状況

　図 8-9 では、機械学習直前の学習データ（x）と正解値（yt）の状況を示しました。x に関しては前章同様にダミー変数（$x_0 = 1$）の列が追加されています。yt は 0 か 1 のどちらかの値になります。

予測関数

```
# シグモイド関数
def sigmoid(x):
    return 1/(1+ np.exp(-x))

# 予測値の計算
def pred(x, w):
    return sigmoid(x @ w)
```

図 8-10　予測関数の定義

　図8-10がロジスティック回帰における予測関数の定義です。
　線形回帰の場合、xとwの内積（コードでいうと「x @ w」）がそのまま予測値だったのに対して、ロジスティック回帰では内積の結果をシグモイド関数にかけて、その結果を予測値として戻しています。繰り返し計算のアルゴリズムという点に関しては、ここが線形回帰とロジスティック回帰で唯一異なる点となります（評価方法の実装は全然別になります）。

初期化処理

```
# 初期化処理

# 標本数
M = x.shape[0]
# 入力次元数(ダミー変数を含む)
D = x.shape[1]

# 繰り返し回数
iters = 10000

# 学習率
alpha = 0.01

# 初期値
w = np.ones(D)

# 評価結果記録用(損失関数と精度)
history = np.zeros((0,3))
```

図 8-11　初期化処理

　図 8-11 は勾配降下法のための初期化処理の実装です。

　繰り返し回数と history の設定以外は線形回帰と同じになっています。history の要素数が増えたのは、**損失関数値**に追加で**精度**も記録するようにしたためです。分類モデルでは、正解値のわかっている入力データに対して予測をして、何件のテストデータ中何件正解があったかで正解率を計算できます。この正解率のことを**精度（Accuracy）**と呼び、回帰モデルではできない分類モデル固有の評価方法となります。

メイン処理

```
# 繰り返しループ
for k in range(iters):

    # 予測値の計算 (8.6.1) (8.6.2)
    yp = pred(x, w)

    # 誤差の計算 (8.6.4)
    yd = yp - yt

    # 勾配降下法の実施 (8.6.6)
    w = w - alpha * (x.T @ yd) / M

    # ログ記録用
    if ( k % 10 == 0):
        loss, score = evaluate(x_test, y_test, w)
        history = np.vstack((history,
            np.array([k, loss, score])))
        print( "iter = %d  loss = %f score = %f"
            % (k, loss, score))
```

図8-12　メイン処理

　図8-12に勾配降下法のメイン処理の実装を示します。例によって本質的な部分は最初の3行なのですが、この部分は線形回帰とまったく同じであることがわかります。

損失関数値と精度の確認

```
# 損失関数値と精度の確認
print('初期状態 : 損失関数:%f 精度:%f'
    % (history[0,1], history[0,2]))
print('最終状態 : 損失関数:%f 精度:%f'
    % (history[-1,1], history[-1,2]))
```

初期状態 : 損失関数 :4.493959 精度 :0.500000
最終状態 : 損失関数 :0.153236 精度 :0.966667

図8-13　損失関数値と精度

図8-13に開始時と終了時の損失関数値と精度の計算結果を示しました。終了時には損失関数値、精度ともによい結果になっていることがわかります。

```
# 損失関数(交差エントロピー関数)
def cross_entropy(yt, yp):
    # 交差エントロピーの計算(この段階ではベクトル)
    ce1 = -(yt * np.log(yp) + (1 - yt) * np.log(1 - yp))
    # 交差エントロピーベクトルの平均値を計算
    return(np.mean(ce1))

# 予測結果の確率値から 0 or 1 を判断する関数
def classify(y):
    return np.where(y < 0.5, 0, 1)

# モデルを評価する関数
from sklearn.metrics import accuracy_score
def evaluate(xt, yt, w):

    # 予測値の計算
    yp = pred(xt, w)

    # 損失関数値の計算
    loss = cross_entropy(yt, yp)

    # 予測値(確率値)を0または1に変換
    yp_b = classify(yp)

    # 精度の算出
    score = accuracy_score(yt, yp_b)
    return loss, score
```

図8-14　評価関数の実装

　順番が前後しますが、図8-14には、図8-13の評価結果を出すための評価関数実装ロジックを示します。
　最初の関数 cross_entropy は交差エントロピー関数です。ベクトルの状態のまま、交差エントロピー関数を計算し、最後にベクトル要素間の平均をとって

います。

次の関数 classify は、確率値のベクトルを受け取り、値が 0.5 より大きいか小さいかで 1 か 0 かを返す関数です。

最後の関数 evaluate は、入力データ x、正解値 yt、重みベクトル w を引数として受け取り、テストデータに対する評価関数値と精度を返します。精度は accuracy_score というライブラリを使って計算しています。

散布図と決定境界の標示

次に学習の結果で得られた重みベクトルとテスト用データを用いて、散布図と決定境界をグラフ表示してみましょう。

```
# 検証データを散布図用に準備
x_t0 = x_test[y_test==0]
x_t1 = x_test[y_test==1]

# 決定境界描画用 x1 の値から x2 の値を計算する
def b(x, w):
    return(-(w[0] + w[1] * x)/ w[2])
# 散布図の x1 の最小値と最大値
x1 = np.asarray([x[:,1].min(), x[:,1].max()])
y1 = b(x1, w)
```

図 8-15　散布図・決定境界表示用のデータ準備

図 8-15 のコードでは
・散布図表示用に検証データを class = 0 と class = 1 の 2 つのグループに分離
・決定境界の端点にあたる 2 点の座標を計算
を行っています。

```python
plt.figure(figsize=(6,6))
# 散布図の表示
plt.scatter(x_t0[:,1], x_t0[:,2], marker='x',
        c='b', s=50, label='class 0')
plt.scatter(x_t1[:,1], x_t1[:,2], marker='o',
        c='k', s=50, label='class 1')
# 散布図に決定境界の直線も追記
plt.plot(xl, yl, c='b')
plt.xlabel('sepal_length', fontsize=14)
plt.ylabel('sepal_width', fontsize=14)
plt.xticks(size=16)
plt.yticks(size=16)
plt.legend(fontsize=16)
plt.show()
```

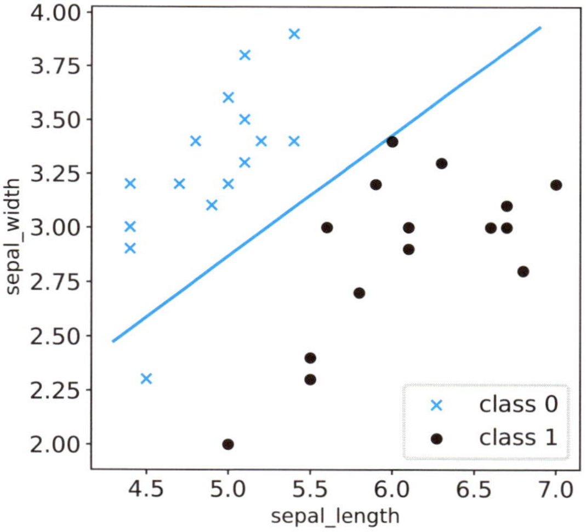

図 8-16 散布図と決定境界のグラフ表示

　図8-16は、グラフを表示するコードとその結果です。1点だけ決定境界を越えている「x」の点がありますが、グラフを見る限りこの点は異常値のようなので、境界を越えてしまうのはやむを得ないように見えます。それ以外の点に関してはこの決定境界でよさそうです。

学習曲線表示

　今度は履歴データを使って学習曲線を表示します。今回は損失関数値に追加で精度の記録もとっているので、両方でグラフを表示します。

```
# 学習曲線の表示をします（損失関数）
plt.figure(figsize=(6,4))
plt.plot(history[:,0], history[:,1], 'b')
plt.xlabel('iter', fontsize=14)
plt.ylabel('cost', fontsize=14)
plt.title('iter vs cost', fontsize=14)
plt.show()
```

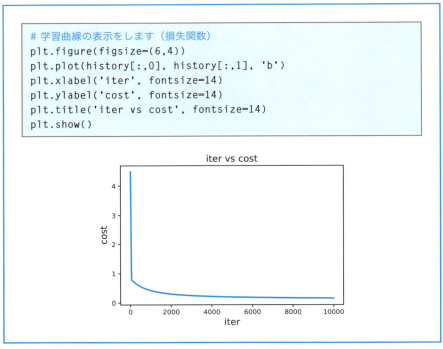

図 8-17　損失関数値の推移

　図 8-17 は損失関数値を縦軸にとった場合のグラフです。損失関数値が順調に減っていることがわかります。

```
# 学習曲線の表示をします（精度）
plt.figure(figsize=(6,4))
plt.plot(history[:,0], history[:,2], 'b')
plt.xlabel('iter', fontsize=14)
plt.ylabel('accuracy', fontsize=14)
plt.title('iter vs accuracy', fontsize=14)
plt.show()
```

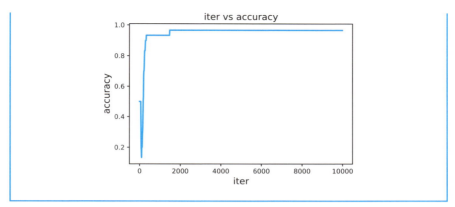

図 8-18　精度の推移

　図 8-18 は精度を縦軸にとった場合のグラフです。精度が 100% にならないのは、散布図表示でわかった異常値によることと想像されるので、繰り返し回数 2000 回程度で一番よい精度まで到達していることがわかります。

予測関数の 3 次元表示

　最後に、繰り返し計算が完了して確定した (w_0, w_1, w_2) の値を使ってシグモイド関数の値（y の予測値）を 3 次元表示し、元の入力データの値（z 座標は 1 または 0 の正解値にしています）も重ね書きしたグラフの結果を示します。

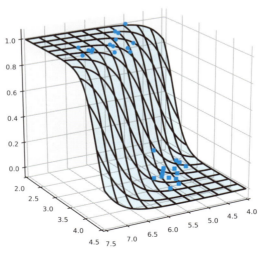

図 8-19　予測関数の 3 次元表示

コラム scikit-learn ライブラリとの比較

本章の実習では、ライブラリなど一切使わず、本章に書いた数式のみでモデルを構築しました。

scikit-learn[8]では、今、説明した処理はすべてライブラリとして実装されていて、入力データと正解値を渡すだけで同じモデルを作れます。

このライブラリでモデルを作った場合に結果がどうなるかを、決定境界を重ね書きすることで比較してみました。あわせて、まったく別の実装方式に基づいたモデルであるサポートベクターマシン（SVM）も検証しています。

その結果のグラフは図8-20の通りです（モデルのパラメータはすべてデフォルト値で検証しています）。

実習で作ったモデル（Hands on）と、scikit-learnの線形回帰モデル（scikit LR）はほぼ同じ結果となりましたが、SVM（scikit SVM）だけは傾向が違っていて、1つある異常値も頑張って決定境界の内部に含めるような形になっています。これは、2つのモデルの考え方の違い（線形回帰：すべての点に関してバランスよく境界を引く、SVM：境界領域のみに着目して、この領域をいかにきれいに分割するかを考える）によるものと考えられます。

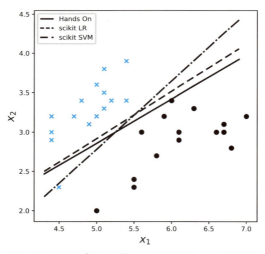

図8-20　ライブラリを使った2値分類での決定境界

[8] scikit-learnは、Pythonで機械学習モデルを構築する際に最も標準的に利用されるライブラリです。線形回帰やロジスティック回帰といったモデルそのものも数多く用意されていますが、それ以外にデータ前処理や評価といった機械学習で必須のツールも用意されています。

コラム　サッカー好きの王様たちの悩みと交差エントロピー

　昔々あるところに、王様も国民もサッカーが大好きな国、A国とB国がありました。

　この2つの国の王様はサッカー好きが高じて、それぞれナショナルチームを4つ作り、毎日それぞれの国内でトーナメント戦を行ってその日の優勝チームを決めていました。試合結果はサッカー賭博の対象にもなるため、世界中に配信されていました。

　しかし、王様たちには悩みが1つありました。それは、この結果を配信する通信装置の業者が悪徳業者で、通信装置の利用料として、なんと1ビットあたり1万ギルとっていたのです。「4つのチームのどれか」という試合結果を0と1の組み合わせで伝えるためには、00, 01, 10, 11の4つのパターンが必要で、つまり1日あたり2ビット、2万ギルかかっていたのです。この通信費をなんとかできないかと王様は考えていました。

　この王様の悩みを知ったA国の学者は、過去のA国の全試合結果を分析して、4つのチームはA1：1/2、A2：1/4、A3：1/8、A4：1/8の勝率であることを知りました。そこで学者は考えました。我が国はA1チームがよく勝つようだ。この性質をうまく利用して「A1チーム優勝」を意味するコードを短くすると、全体としての通信費は安くなるのではないか、と。そこで次のようなコード体系を考えてみたのです。

　A1：1、A2：01、A3：000、A4：001

　長さはアンバランスですが、どのチームが優勝したかは、はっきり区別できます。A3とA4が優勝した場合は、前の方式より余分に通信費がかかりますが、こうなる確率は1/8＋1/8で全体の1/4です。逆にA1が優勝する確率は1/2もあり、この場合は今までより通信費が安くなります。そこで、全体としての通信費の期待値は次のようになります。

　1/2*1万ギル ＋ 1/4*2万ギル ＋ 1/8*3万ギル ＋ 1/8*3万ギル ＝ 1.75万ギル

　1日あたり2,500ギル、1月あたりにすると、約7万5000ギルの節約になります。当時の1ギルは今でいうと1ドルとほぼ同じといわれていますので、小国であるA国にとってはかなりの節約です。

　学者はこのことを王様に進言し、王様は業者に通信装置をこの新しいコード体系に変更させました。改修後の装置で運用を始めると、予想通りの節約が実現できました。王様はこのことを大変喜び、学者は国民栄誉賞を受賞しました。

ちょうどそのころ、B 国では通信装置のトラブルが発生しました。早速業者を呼んで点検させたところ、解決が非常に難しい問題で修理には 1 年必要といわれました。しかし、試合結果を世界に配信できないと、サッカー賭博業者からは違約金を請求されてしまいます。B 国の王様は困り果てたのですが、ふと名案を思いつきました。

「そうだ。我が国の試合結果も A 国の通信装置で配信してもらおう。A 国と B 国は地続きなので、伝令に頼めば早馬を使って 2 時間で結果は伝わる。こういうこともあろうかと A 国には盆暮れの付け届けを怠りなくやっていたので、実費で受けてくれるに違いない」

そこで、使いを出して A 国に問い合わせたところ、通信費の実費を出してもらえれば問題ないということで、この取引は無事成立しました。この時はこれで一件落着かと思ったのですが…。

1 カ月後、B 国の大臣が血相を変えて王様の執務室にやってきました。
大臣「王様、大変です。試合結果の通信費用が完全に予算オーバーしています」
王様「A 国が約束を破って手数料を取ったのではないか」
大臣「私も最初そう考えて調べたのですが違いました。A 国からは約束通り実費しか請求されていません。実は、A 国は自国の通信費節約のため、独自のコード体系を使っています。このコード体系を使って我が国の試合結果を配信すると、以前より通信費が高くなってしまうことがわかったのです」

大臣によると、過去の試合記録から B 国の 4 チームは完全に実力が伯仲していて、勝率はどのチームも 1/4 になっていました。この確率を A 国の通信装置のコード体系に当てはめて通信費の期待値を計算してみると次のようになります。

1/4*1 万ギル ＋ 1/4*2 万ギル ＋ 1/4*3 万ギル ＋ 1/4*3 万ギル ＝ 2.25 万ギル

1 日あたり 2,500 ギル、1 月あたりにすると、7 万 5000 ギルの予算超過という計算になります。王様は頭をかかえました。

「困った。このままでは 1 年経たないうちに両替商に預けている金の残高がなくなってしまう。両替商のやつら、残高がなくなると取引停止と言いだすだろうが、それでは国が立ち行かない。仕方がない。大臣、前から検討していた消費税率アップの法案を国会に提出してくれ。支持率は下がるが、背に腹は代えられぬ」

つまらないおとぎ話で失礼しました。しかし、実はこの話はシャノンの情報エントロピーの例題になっています。

シャノンによると、

「ある事象を観測したときの情報量とは、その事象の起きる確率を 2 を底とした

対数にマイナスをつけたものに等しい」
「情報量の期待値のことを情報エントロピーと呼ぶ」
ということになっています。

例えばA国で各チームが優勝する確率を勘案すると

「A1チーム優勝」という事象の情報量は $-\log_2 \frac{1}{2} = 1$

「A2チーム優勝」という事象の情報量は $-\log_2 \frac{1}{4} = 2$

「A3チーム優勝」という事象の情報量は $-\log_2 \frac{1}{8} = 3$

「A4チーム優勝」という事象の情報量は $-\log_2 \frac{1}{8} = 3$

となります。めったに起きないことはその分情報としての価値があるということです。

また、A国、B国それぞれの1回のトーナメントにおけるエントロピーは次の式で表されます。

A国：$-\left(\frac{1}{2}\log_2\frac{1}{2} + \frac{1}{4}\log_2\frac{1}{4} + \frac{1}{8}\log_2\frac{1}{8} + \frac{1}{8}\log_2\frac{1}{8}\right) = \frac{7}{4}$

B国：$-4 \cdot \frac{1}{4} \cdot \log_2 \frac{1}{4} = 2$

これでわかったと思いますが、この「情報エントロピー」とは最適なコード体系を考えたときの通信コストの期待値にもなっています。

B国の場合は、4つの事象すべての確率が同一だったので、平等に2ビットのコードを割り当てる方式が最善だったのですが、A国は優勝チームによってコードの長さを変えることで最適なコード体系を作ることができました。

逆にB国は、A国用に最適化されたコード体系で通信すると、コストの増大を招いてしまいました。

そしてこの「情報エントロピー」と機械学習の分類システムにおける「交差エントロピー」には密接な関係があるのです。

先ほどのおとぎ話の例で説明した「実際の確率値とコード体系の不一致によるコストの増大」と同じような話は、確率値を予測する機械学習システムを考えたとき、予測値と実測値が十分にマッチしていない場合にも発生しうると考えられ

ます。

　そこで、

　　$-\Sigma$（事象 X の実測値）$\cdot \log$（事象 X の予測値確率）

という量を損失関数と考え、これを最小化するパラメータを見つけることでモデルを最適化するという考えが出てきました。

　これが交差エントロピーだったのです。元々のエントロピーは$-\Sigma(p \cdot \log(p))$のような式だったのに対して、$\log$の中を確率値でなく「確率の予測値」という別のものにしたところが「交差」という言葉が出てきた由来です。そして先ほどのおとぎ話の例でわかった通り、もし完璧な予測システムができて実測値と予測値がぴったり一致したとすると、その時「交差エントロピー」の値は最小をとるはずです。それで、交差エントロピーは分類システムの損失関数として利用されるようになったのでした。

Chapter 9

ロジスティック回帰モデル（多値分類）

必須 ディープラーニングの実現に必須の概念	1章 回帰1	7章 回帰2	8章 2値分類	9章 多値分類	10章 ディープラーニング
1　損失関数	○	○	○	○	○
3.7　行列と行列演算				○	○
4.5　勾配降下法		○	○	○	○
5.5　シグモイド関数			○		○
5.6　softmax関数				○	○
6.3　尤度関数と最尤推定			○	○	○
10　誤差逆伝播					○

Chapter 9 ロジスティック回帰モデル（多値分類）

本章では前章と同じ題材（Iris Data Set）を使って多値分類モデルを実装します。多値分類の場合も「予測関数の作成」→「評価関数の作成」→「勾配降下法による最適なパラメータ値探索」というアルゴリズムの基本的な流れは同じです。

多値分類の場合、1つの分類器[1]に複数の値を予測させるのではなく、「**0から1までの確率値を出力する複数の分類器を並列に作って、そして確率値の最も高い分類器に対応するクラスをモデル全体としての予測値とする**」というアプローチをとります。そのため、2値分類と比較して次の点が違います。

重みベクトル　→　重み行列
シグモイド関数　→　softmax 関数

逆にいうと、2値分類モデルで、上の2点を取り替えてしまえば、そのまま多値分類モデルになるということです。このことを念頭に置いて本章を読み進めるようにしてください。

例によって、本章の構成を図9-1に示しておきます。

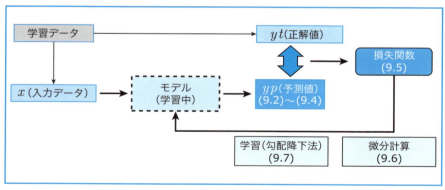

図9-1　本章の構成

---

[1]「分類」を目的とする機械学習モデルにおいて出力を担当するノードのことを分類器と呼びます。

9.1 例題の問題設定

　学習対象のデータは前章に引き続き「Iris Data Set」を使用します。前章では問題設定を簡単にするため、元々3種類あったアヤメの種類を2種類に限定し、また入力データ項目もオリジナルで4項目あったものを2項目に減らしました。本章ではアヤメの種類はオリジナルの3種類に戻します。こうすることで、問題は多値分類に変わります。

　入力データに関しては、最初は"sepal length"と"petal length"の2項目を使います。入力項目を2項目とするのは、説明が簡単になることと、グラフ化が容易にできることからです。項目を一部変更したのは、3種分類のやりやすさからです。入力項目数を2項目から4項目に拡張することは簡単に可能なので、プログラム実装の最後に試してみることにします。

　データの特徴を整理すると、次のようになります。

・分類先クラス（3クラス）
　class: 0(setosa), 1(versicolour), 2(virginica)

・入力項目名（2項目）
　sepal length (cm) がく片の長さ
　petal length (cm) 花弁の長さ

・データ総数（150件）

　対象データの内容の一部は、表9-1のようになっています。

表 9-1 学習データの内容

yt（正解値）	x_1（がく片の長さ）	x_2（花弁の長さ）
1	6.3	4.7
1	7	4.7
0	5	1.6
2	6.4	5.6
2	6.3	5
0	5	1.6
0	4.9	1.4
1	6.1	4
1	6.5	4.6

図 9-2 に入力データの散布図を示します。クラス 1 とクラス 2 の間の境界がややあいまいですが、この 2 つの変数を利用すればほぼ分類はできそうなことがわかります。

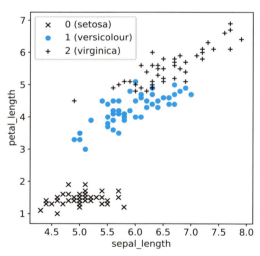

図 9-2 3 種類のデータの散布図

9.2 モデルの基礎概念

正解値の One Hot ベクトル化

　前章の2値分類では、モデルの最終出力値が0と1の2値であることをうまく使って、予測関数や損失関数を定義していきました。この方式は今回の例のようにモデルの出力が0、1、2の3値になってしまうと通用しません。そこで考えられたのが、本章の冒頭で紹介したように、「**0から1までの確率値を出力する複数の分類器を並列に作って、そして確率値の最も高い分類器に対応するクラスをモデル全体としての予測値とする**」という方法です。

　具体的には、0、1、2という正解値をそれぞれ$(1, 0, 0)$、$(0, 1, 0)$、$(0, 0, 1)$という0と1の値を持つ3次元ベクトルに変換し、これらの3次元ベクトルを出力とするモデルを作る問題に置き換えて考えることにします。この時作られる3次元ベクトルのことを **One Hot ベクトル**と呼びます。

　図9-3に正解値が One Hot ベクトル化された後のモデルの振る舞いの概念図を示しました。

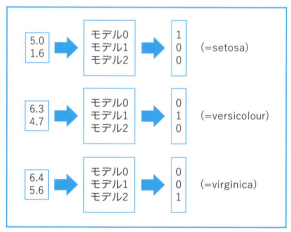

図9-3　出力が One Hot ベクトル化された予測モデル

1 対他分類器

　ここで、図9-3のモデル内部の特定の分類器に注目しましょう。例えば「モ

デル 0」に注目した場合、このモデルは元の正解値が 0(=setosa) のときには 1 を、それ以外の 1(=versicolour) または 2(=virginica) のときには 0 を出力することを期待されていることになります。このような挙動のモデルを **1 対他分類器**（One vs Rest Classifier）と呼びます。

9.3 重み行列

前節で説明したように、多値分類モデルでは内部的には N 個のモデルが並列に稼働しています。つまり、前章の 2 値分類モデルで「重みベクトル」に相当する部分が N セット必要になります。このような**複数セットの重みベクトル**に適した数学表現が**行列**であることは 3.7 節で説明しました。この場合、行列とベクトルの積（結果はベクトルになる）により、分類器分の複数セットの内積を同時に表現することが可能です。

その復習を兼ねて、2 値分類と重みベクトル、多値分類と重み行列の関係を図 9-4、図 9-5 に改めて示します。

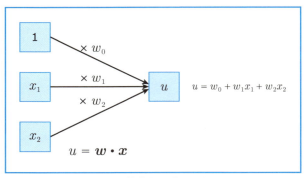

図 9-4　2 値分類と重みベクトル

図 9-4 は前章で扱った 2 値分類の場合の分類器の様子です。左上の「1」の箱は、定数項 w_0 も内積表現に含めるため追加したダミー変数となります。入力データをダミー変数を含めて $x = ((x_0 = 1), x_1, x_2)$ とベクトルの形で表し、重みも $w = (w_0, w_1, w_2)$ とベクトル表現すると、出力 u は $u = w \cdot x$ と内積の形で表現できたのでした。

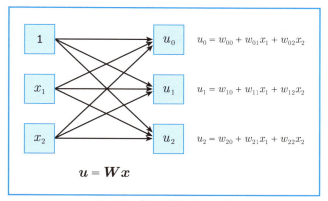

図 9-5 多値分類と重み行列

図 9-5 は多値分類器における、複数の内積計算を行列で同時に行っている様子を模式的に示したものです。

数式表現でいうと 3 つの内積の式

$$\begin{cases} u_0 = w_{00} + w_{01}x_1 + w_{02}x_2 \\ u_1 = w_{10} + w_{11}x_1 + w_{12}x_2 \\ u_2 = w_{20} + w_{21}x_1 + w_{22}x_2 \end{cases} \tag{9.3.1}$$

に対して行列 $\boldsymbol{W}$ を

$$\boldsymbol{W} = \begin{pmatrix} w_{00} & w_{01} & w_{02} \\ w_{10} & w_{11} & w_{12} \\ w_{20} & w_{21} & w_{22} \end{pmatrix}$$

で定義し、入力 x には先ほど同様ダミー変数 $x_0 = 1$ を含めると、上の式はまとめて

$$\boldsymbol{u} = \boldsymbol{W}\boldsymbol{x}$$

で表せる、という話になります。

9.4 softmax 関数

2値分類器では、図9-4に示したように、入力データ x と重みベクトル w の内積を計算した後、その結果をシグモイド関数にかけて、得られた関数値を「確率」と解釈可能なモデル予測値としました。では、多値分類でシグモイド関数にあたる処理はどうしたらよいでしょうか？

5章の内容を覚えている読者は想像がついたと思いますが、5.6節で説明したsoftmax関数がこの役割を担うことになります。

softmax関数の性質を復習すると、softmax関数とは

・入力：N次元ベクトル　出力：N次元ベクトルのベクトル値関数
・個々の出力要素は0から1の値をとる
・すべての出力要素の値を足すと1になる

となっており、「個々の要素がそれぞれの確率値を表す」モデルの出力関数としてぴったりであることがわかります。

softmax関数の式を改めて以下に示します[2]。

$$\begin{cases} y_0 = \dfrac{\exp(u_0)}{g(u_0, u_1, u_2)} \\ y_1 = \dfrac{\exp(u_1)}{g(u_0, u_1, u_2)} \\ y_2 = \dfrac{\exp(u_2)}{g(u_0, u_1, u_2)} \end{cases} \quad (9.4.1)$$

$$g(u_0, u_1, u_2) = \exp(u_0) + \exp(u_1) + \exp(u_2)$$

(9.3.1)と(9.4.1)が、多値分類器における予測関数の定義となります。

9.2節から9.4節の結果をまとめた、多値分類におけるモデル構造図は図9-6のようになります。

---

[2] 後のPythonでの実装を意識して、y の添え字は0から開始に変更しています。

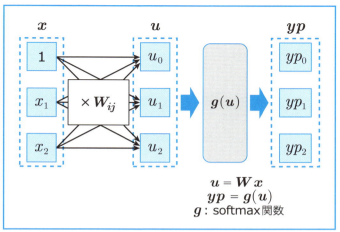

図 9-6　多値分類器のモデル構造図

9.5　損失関数

予測関数が定まったので次は損失関数を定義します。One Hot ベクトル化した正解値ベクトル yt とその時の予測値ベクトル yp を

$$yt = (yt_0,\ yt_1,\ yt_2)$$
$$yp = (yp_0,\ yp_1,\ yp_2)$$

と表すと、前章のときと同じ考え方で、正解値を示す分類器の確率値の対数をとった結果（対数尤度関数）は

$$\sum_{i=0}^{2}(yt_i \log(yp_i))$$

となります[3]。

これは例えば次のことから確認可能です。

正解値 = 2 の場合

---

[3] この式は前章の 2 値分類の交差エントロピーの式 (8.4.2) の拡張になっていることに注意してください。

- ⇔ 正解値の One Hot ベクトル $\boldsymbol{yt} = (0, 0, 1)$
- ⇔ 正解値を示す分類器による予測値は yp_2
- ⇔ 確率値の対数は $\log(yp_2)$
- ⇔ 先ほどのΣの式で $\boldsymbol{yt} = (0, 0, 1)$ を代入した結果と一致

前章と同様に損失関数は対数尤度関数に (-1) をかけた結果です。複数のデータ系列のことも配慮に入れ、尤度関数の平均値の処理も含めた最終的な損失関数の式は、データ総数 $M = 150$ とすると、次の(9.5.1)のような形になります。(9.5.1)の右辺に直接重み行列 $\boldsymbol{W}$ は含まれていませんが、入力データ系列 $x^{(i)}$ との内積(9.3.1)、softmax 関数(9.4.1)を経由して得られるベクトルである $\boldsymbol{yp}$ により間接的に $\boldsymbol{W}$ の関数になっていると考えてください[4]。

$$L(\boldsymbol{W}) = -\frac{1}{M} \sum_{m=0}^{M-1} \sum_{i=0}^{2} (yt_i^{(m)} \log(yp_i^{(m)})) \tag{9.5.1}$$

2重にΣが出てくるちょっと複雑な式になりましたが

- 最初のΣはデータ系列で平均をとるためのもの
- 2つ目のΣは先ほど説明した One Hot ベクトルに対応したもので、実質的に意味のある 0 でない項目は 1 つだけ

と考えると、そんなに難しい数式ではないことがわかります。(9.5.1)も前章のときと同様に**交差エントロピー**と呼ばれています。

9.6 損失関数の微分計算

損失関数も定まったので、次は損失関数(9.5.1)を偏微分して勾配の計算をします。例によって計算を見やすくするため以下の計算では、データ系列の添え字を取って[5]

---

[4] **イメージが持てない人は図 9-6 を見直すとよいかと思います。**
[5] (9.5.1)の最初のΣを一時的になくすことを意味します。

$$\boldsymbol{yt}^{(m)} \to \boldsymbol{yt} = (yt_0, \ yt_1, \ yt_2)$$
$$\boldsymbol{yp}^{(m)} \to \boldsymbol{yp} = (yp_0, \ yp_1, \ yp_2)$$

とします。

1つのデータ系列に対する交差エントロピーを ce とすると、ce は次の式で表されます。

$$\begin{aligned} ce(yp_0, yp_1, yp_2) &= -\sum_{i=0}^{2}(yt_i \log(yp_i)) \\ &= -(yt_0 \log(yp_0) + yt_1 \log(yp_1) + yt_2 \log(yp_2)) \end{aligned} \quad (9.6.1)$$

ここで交差エントロピー ce の計算結果を、重み行列 $\boldsymbol{W}$ の関数 $L(\boldsymbol{W})$ と考えることにします。そして、$L(\boldsymbol{W})$ を重み行列の要素 w_{ij} で偏微分することを考えます。

一般化の式は後で考えるとして、まずはそのうちの要素の1つである w_{12} で偏微分することを考えてみましょう。

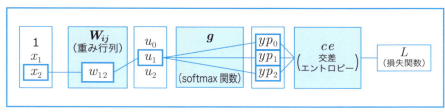

図 9-7　重み行列、softmax 関数と損失関数の関係

図 9-7 を見てください。この図は入力値 $(1, \ x_1, \ x_2)$ から損失関数 L が計算されるまでの過程を模式的に示したものです。図を見ると
・w_{12} の変化は u_1 に影響する（u_0 と u_2 には無関係）
・u_1 の変化は $yp_0, \ yp_1, \ yp_2$ のそれぞれに影響する
・$yp_0, \ yp_1, \ yp_2$ の変化はそれぞれ L の値に影響する
ということがわかります。このことを意識しながら、偏微分の計算を進めます。

最初のステップとして、w_{12} と u_1 の関係に着目して、次のように合成関数の微分公式を適用します。

$$\frac{\partial L}{\partial w_{12}} = \frac{\partial L}{\partial u_1}\frac{\partial u_1}{\partial w_{12}} \tag{9.6.2}$$

2つの偏微分の積になりました。前半部分の $\frac{\partial L}{\partial u_1}$ はややこしいので後回しにして、最初に後半部分の $\frac{\partial u_1}{\partial w_{12}}$ の偏微分を計算します。

(9.3.1)の3つの式のうち、今回の偏微分に関係ある式だけ抜き出すと

$$u_1 = w_{10} + w_{11}x_1 + w_{12}x_2$$

u_1 を w_{12} の関数として見ると（学習フェーズでこのような式の見方をすることにはもう慣れたでしょうか）、w_{12} の1次関数で係数は x_2 なので

$$\frac{\partial u_1}{\partial w_{12}} = x_2 \tag{9.6.3}$$

(9.6.3)を(9.6.2)に代入して以下の結果が得られます。

$$\frac{\partial L}{\partial w_{12}} = x_2\frac{\partial L}{\partial u_1} \tag{9.6.4}$$

次にややこしい前半部分の $\frac{\partial L}{\partial u_1}$ の偏微分に挑戦します。

もう一度図9-7を見てください。今度は u_1 を出発点として u_1 を少し変化させると、その変化が損失関数 L にどのように伝わるかを考えながら偏微分の式を作ります。先ほどの話の繰り返しですが
・u_1 の変化は yp_0, yp_1, yp_2 のそれぞれに影響する
・yp_0, yp_1, yp_2 の変化はそれぞれ L の値に影響する
ということです。

u_1 から見ると損失関数 L は g (softmax関数) と ce (交差エントロピー関数) の合成関数と見ることができますので、4.4節で説明した公式により損失関数の偏微分の結果は次のような式となります。

$$\frac{\partial L}{\partial u_1} = \frac{\partial L}{\partial yp_0}\frac{\partial yp_0}{\partial u_1} + \frac{\partial L}{\partial yp_1}\frac{\partial yp_1}{\partial u_1} + \frac{\partial L}{\partial yp_2}\frac{\partial yp_2}{\partial u_1} \tag{9.6.5}$$

2つの偏微分の積を足した形になっていますが、それぞれの積の前半部分 $\dfrac{\partial L}{\partial yp_i}$ は交差エントロピー関数、積の後半部分 $\dfrac{\partial yp_i}{\partial u_1}$ は softmax 関数の偏微分です。

　損失関数 L を(9.6.1)により交差エントロピー関数の式に書き直すと、以下の形になります。

$$L(yp_0, yp_1, yp_2) = ce(yp_0, yp_1, yp_2)$$
$$= -(yt_0 \log(yp_0) + yt_1 \log(yp_1) + yt_2 \log(yp_2))$$

　しつこいですが、今は学習フェーズなので、上の式で予測値ベクトルの (yp_0, yp_1, yp_2) は重み行列 $\boldsymbol{W}_{ij}$ を間接的に含んだ変数、正解値ベクトル (yt_0, yt_1, yt_2) は定数です。よって、この式を偏微分した結果は次のようになります[6]。

$$\begin{aligned}
\frac{\partial L}{\partial yp_0} &= \frac{\partial ce}{\partial yp_0} = -\frac{yt_0}{yp_0} \\
\frac{\partial L}{\partial yp_1} &= \frac{\partial ce}{\partial yp_1} = -\frac{yt_1}{yp_1} \\
\frac{\partial L}{\partial yp_2} &= \frac{\partial ce}{\partial yp_2} = -\frac{yt_2}{yp_2}
\end{aligned} \quad (9.6.6)$$

　積の後半部分 $\dfrac{\partial yp_i}{\partial u_1}$ は、図9-7から u_1 と (yp_0, yp_1, yp_2) の関係なので、softmax 関数の偏微分そのものです。この計算は 5.6 節の(5.6.1)で結果を得ていますので、それを利用します。具体的には次のような計算結果となります。

$$\begin{aligned}
\frac{\partial yp_0}{\partial u_1} &= -yp_1 \cdot yp_0 \\
\frac{\partial yp_1}{\partial u_1} &= yp_1(1 - yp_1) \\
\frac{\partial yp_2}{\partial u_1} &= -yp_1 \cdot yp_2
\end{aligned} \quad (9.6.7)$$

　(9.6.5)に(9.6.6)と(9.6.7)の結果を代入し、次の計算結果が得られます。

---

[6] 3つの式それぞれの変形では対数の微分公式を使っています。

$$\frac{\partial L}{\partial u_1} = \frac{\partial L}{\partial yp_0}\frac{\partial yp_0}{\partial u_1} + \frac{\partial L}{\partial yp_1}\frac{\partial yp_1}{\partial u_1} + \frac{\partial L}{\partial yp_2}\frac{\partial yp_2}{\partial u_1} \qquad (9.6.8)$$

$$= -\frac{yt_0}{yp_0} \cdot (-yp_1 \cdot yp_0) - \frac{yt_1}{yp_1} \cdot yp_1(1-yp_1) - \frac{yt_2}{yp_2} \cdot (-yp_1 \cdot yp_2)$$

$$= yt_0 \cdot yp_1 - yt_1(1-yp_1) + yt_2 \cdot yp_1 = -yt_1 + yp_1(yt_0 + yt_1 + yt_2)$$

$$= yp_1 - yt_1$$

$(yt_0,\ yt_1,\ yt_2)$ は正解値を One Hot ベクトル化したデータですが、その定義からどれか1つのみ値が1でそれ以外は0です。よって $yt_0 + yt_1 + yt_2 = 1$ が常に成り立つことを最後の式変形で利用しています。

見ていただければわかる通り途中の計算は煩雑でしたが、最終的にはとてもシンプルな形になりました。

(9.6.8)の結果は、u_0 や u_2 で損失関数 L を偏微分した場合も同様になることがわかります。つまり、次の式が成り立ちます。

$$\frac{\partial L}{\partial u_i} = yp_i - yt_i$$
$$(i = 0,\ 1,\ 2) \qquad (9.6.9)$$

ここで、8章のときと同じように予測値ベクトル $\boldsymbol{yp}$ と正解値ベクトル $\boldsymbol{yt}$ の差を誤差ベクトル $\boldsymbol{yd}$ として定義します。

$$\boldsymbol{yd} = \boldsymbol{yp} - \boldsymbol{yt} \qquad (9.6.10)$$

誤差ベクトル $\boldsymbol{yd}$ を使って、(9.6.9)式を書き直すと

$$\frac{\partial L}{\partial u_i} = yd_i$$
$$(i = 0,\ 1,\ 2) \qquad (9.6.11)$$

(9.6.11)を使って(9.6.4)を書き直すと

$$\frac{\partial L}{\partial w_{12}} = x_2 \frac{\partial L}{\partial u_1} = x_2 \cdot yd_1 \qquad (9.6.12)$$

(9.6.11)の結果を一般化して以下の式が成り立つことはすぐにわかると思います。

$$\frac{\partial L}{\partial w_{ij}} = x_j \cdot yd_i \tag{9.6.13}$$

(9.6.10)、(9.6.11)、(9.6.13)が、多値分類における重み行列の要素 w_{ij} で損失関数を偏微分した結果になります。途中の計算は複雑でしたが、結論は2値分類のときと同様、とてもシンプルな形になりました。ちなみに、単に偏微分を計算するだけであれば途中経過にすぎない(9.6.11)の式は10章のディープラーニングで重要な役割を果たすことになります。そのためわざわざ独立して式を記載しました。

ここまでは、データ系列を考えない簡単な形で損失関数を微分してきました。データ系列を配慮した本当の損失関数(9.5.1)に対して(9.6.13)の計算結果を適用すると、次の数式が得られます。ここで M はデータの総数（今の例題では150）です。

$$\frac{\partial L}{\partial w_{ij}} = \frac{1}{M} \sum_{m=0}^{M-1} x_j^{(m)} \cdot yd_i^{(m)} \tag{9.6.14}$$

この(9.6.14)が、多値分類モデルにおける損失関数偏微分の計算結果です。

大変長い計算でしたが、全部まとめてみると「(x の入力値) × (y の誤差)」という2値分類のときと同じシンプルな式で損失関数の偏微分（勾配）の計算ができることがわかりました。

9.7 勾配降下法の適用

前節で損失関数の偏微分の結果（勾配関数と呼ぶことがあります）が求まったので、今まで同様勾配降下法のアルゴリズムを書き出してみます。今までの結果から想像がつく通り、2値分類と比較すると「重みベクトル」が「重み行列」に変わっただけで、あとはほぼ同じ形で勾配降下法のアルゴリズムを実装することが可能です。具体的に数式を書き下すと次のような形になります。

いろいろな種類の添え字が出てきてややこしいので、最初に添え字、変数の

名前と意味を整理しておきます。

【添え字】
　k：繰り返し回数 index
　m：データ系列 index
　i, j：ベクトル、行列に対する添え字

【変数】
　M：データ系列の総数（= 150）
　N：分類クラス数（= 3）

$$u^{(k)(m)} = W^{(k)} \cdot x^{(m)} \tag{9.7.1}$$

$$yp^{(k)(m)} = h(u^{(k)(m)}) \tag{9.7.2}$$

$$h_i = \frac{\exp(u_i)}{\sum_{j=0}^{N-1} \exp(u_j)} \tag{9.7.3}$$

$$yd^{(k)(m)} = yp^{(k)(m)} - yt^{(m)} \tag{9.7.4}$$

$$w_{ij}^{(k+1)} = w_{ij}^{(k)} - \frac{\alpha}{M} \sum_{m=0}^{M-1} yd_i^{(k)(m)} \cdot x_j^{(m)} \tag{9.7.5}$$

それぞれの数式の意味は次の通りです。

(9.7.1) 重み行列と入力データの内積
(9.7.2) 内積の結果を基に softmax 関数で予測値ベクトルの計算
(9.7.3) softmax 関数の定義
(9.7.4) 予測値ベクトルと正解値ベクトルから誤差ベクトルの計算
(9.7.5) 誤差を基に重み行列の値変更

9.8 プログラム実装

前節で得られた結果を基に、実際にプログラムを実装してみましょう。この章のコードも巻末に示す読者限定サイトからダウンロードできます。実際にコードを動かしながら動作を確認してください。

本節でも今までと同様に、コードの中で重要なポイントを抽出して解説していきます。

One Hot ベクトル化

```
# y を One Hot Vector に
from sklearn.preprocessing import OneHotEncoder
ohe = OneHotEncoder(sparse_output=False,categories='auto')
y_work = np.c_[y_org]
y_all_one = ohe.fit_transform(y_work)
print('オリジナル', y_org.shape)
print('2次元化', y_work.shape)
print('One Hot Vector 化後', y_all_one.shape)

オリジナル (150,)
2次元化 (150, 1)
One Hot Vector 化後 (150, 3)
```

図 9-8　正解値の One Hot ベクトル化

図9-8を見てください。これは本章で初めて出てきた正解値の One Hot ベクトル化の実装部分です。実装は scikit-learn のライブラリの OneHotEncoder という関数を利用しています。

150次元のベクトル変数であったオリジナルの y_org を、np.c_ の機能を利用していったん (150 × 1) の行列形式に変換します。この形式の変数をライブラリの fit_transform 関数にかけると、One Hot ベクトル化が行われます。

学習データ

```
print('入力データ(x)')
print(x_train[:5,:])
```

```
入力データ(x)
[[1.  6.3 4.7]
 [1.  7.  4.7]
 [1.  5.  1.6]
 [1.  6.4 5.6]
 [1.  6.3 5. ]]
```

図9-9 入力データ

```
print('正解値(y)')
print(y_train[:5])
```

```
正解値(y)
[1 1 0 2 2]
```

```
print('正解値 (One Hot Vector化後)')
print(y_train_one[:5,:])
```

```
正解値 (One Hot Vector化後)
[[0. 1. 0.]
 [0. 1. 0.]
 [1. 0. 0.]
 [0. 0. 1.]
 [0. 0. 1.]]
```

図9-10 正解値

図9-9と図9-10には、データ整形後、学習直前の学習データの様子を示しました。入力データは、常に1の値をとるダミー変数と2つの長さデータとなっています。正解値は、元々は0から2の値をとる整数値だったのですが、One Hotベクトル化で0と1の値をとる3次元のベクトルに変換されている様子がわかると思います。

softmax 関数

```
# softmax 関数 (9.7.3)
def softmax(x):
    x = x.T
    x_max = x.max(axis=0)
    x = x - x_max
    w = np.exp(x)
    return (w / w.sum(axis=0)).T
```

図 9-11　softmax 関数

　図 9-11 に softmax 関数の実装を示しました。前節のアルゴリズムの数式と対応付けると (9.7.3) に該当します。短いコードですが、次の 2 点の工夫がしてあります。

・オーバーフロー対策

　入力値にあまりに大きな値があった場合、$\exp(x_i)$ の途中の計算過程でオーバーフローが起きる可能性があります。そこで入力値の最大値を調べて、指数関数を呼ぶ前に、ベクトル全体から最大値を引く処理をしています[7]。

・行列向けの演算

　入力変数は、ベクトルの場合もありますが、複数のデータ系列をまとめて扱う場合、行列になります。そこで、この両方の入力データに対応できる実装が望ましいです。入力データをいったん転置して、最後にもう 1 回元に戻していることと、集計関数 sum, max を (axis=0) のパラメータを付けて実行していることが、この課題に対応するための工夫となっています。集計関数の動きについては次のコラムで解説しましたので、詳細を知りたい方はコラムを読みながら図 9-11 のコードの意味を追いかけてみてください。

---

[7] このような処理をしても関数の結果が変わらないことを確認するのは指数関数の練習問題になります。関心ある方は自分で確かめてみてください。

コラム NumPy 行列に対する集計関数の操作

　本章のプログラムでは、行列に対する集計関数（sum や mean など、ベクトルを対象に 1 つの結果を返す関数）の操作が出ています。その場合に重要な意味を持つ axis の意味について説明します。

　図 9-12 を見てください。

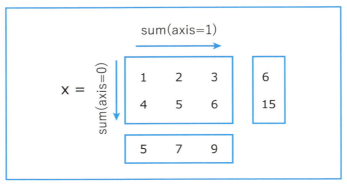

図 9-12　集計関数の動き

　ここで、集計関数の対象 x は、2 × 3 の行列となっています。この場合、sum という集計関数は行方向の加算、列方向の加算と、2 通りの加算の仕方があることがわかると思います。集計関数 sum のパラメータ axis は、この方向を決定するパラメータで、「axis = 0」が行方向の加算、「axis = 1」が列方向の加算を意味しています。

　実際のコーディング例と、結果サンプルを図 9-13 に示します。

```
import numpy as np
```

```
x = np.array([[1,2,3],[4,5,6]])
print(x)
```

```
[[1 2 3]
 [4 5 6]]
```

```
y = x.sum(axis=0)
print(y)
```

[5 7 9]

```
z = x.sum(axis=1)
print(z)
```

[6 15]

図 9-13　集計関数のコーディング例と結果サンプル

ちなみに、これらの sum などの集計関数を行列に対して axis パラメータなしに呼び出すと、行列の全要素を集計して 1 つの結果を返す動きになります。

予測関数

```
# 予測値の計算 (9.7.1, 9.7.2)
def pred(x, W):
    return softmax(x @ W)
```

図 9-14　予測関数

図 9-14 が予測値を計算する関数 pred の実装です[8]。見た目は 2 値分類のときとほとんど変わっていないことがわかると思います。ただ、細かいところでは、表 9-2 のような違いがあります。これらの違いはすべて、出力データがベクトルデータに変わったことに起因するものです。

---

[8] ここで示すコードでは、(9.7.1) の式を変形した $u^{(k)(m)} = x^{(m)} \cdot W^{T(k)}$ を実装しています。W に関しては行と列が入れ換わった形になります（転置行列）。今回のコードでは、複数の学習データを同時に扱っていて、x で示す入力データも、出力 u も、ベクトルでなく行列になります。その場合、上の式の方が都合が良いからです。

表 9-2　2 値分類と多値分類の予測関数の違い

	2 値分類	多値分類
重み	ベクトル（w）	行列（W）
関数	シグモイド関数	softmax 関数
戻り値	ベクトル（データ系列）	行列（データ系列×分類クラス数）

初期化処理

図 9-15 に勾配降下法の初期化処理のコードを示します。2 値分類との違いは、N（分類クラス数）という変数が新たに増えたことです。

従来「重みベクトル」w だった変数は、（入力データ次元数×分類クラス数）の 2 次元の要素を持つ「重み行列」W に変わっています。それ以外の実装は従来と同じです。

```python
# 初期化処理

# 標本数
M = x.shape[0]
# 入力次元数（ダミー変数を含む）
D = x.shape[1]
# 分類先クラス数
N = yt.shape[1]

# 繰り返し回数
iters = 10000

# 学習率
alpha = 0.01

# 重み行列の初期設定（すべて 1）
W = np.ones((D, N))

# 評価結果記録用
history = np.zeros((0, 3))
```

図 9-15　初期化処理

メイン処理

図9-16に勾配降下法を実装するメイン処理を示します。

```python
# メイン処理
for k in range(iters):

    # 予測値の計算 (9.7.1)(9.7.2)
    yp = pred(x, W)

    # 誤差の計算 (9.7.4)
    yd = yp - yt

    # 重みの更新 (9.7.5)
    W = W - alpha * (x.T @ yd) / M

    # ログ記録用
    if (k % 10 == 0):
        loss, score = evaluate(x_test, y_test, y_test_one, W)
        history = np.vstack((history,
            np.array([k, loss, score])))
        print("epoch = %d loss = %f score = %f"
            % (k, loss, score))
```

図9-16　メイン処理

　繰り返し処理の本質的な部分は、ループ処理の最初の3行となります。この部分のコードだけ見ると、前章の2値分類のコードとほとんど同じように見えます。

　実際には、yt, yp, yd, Wのそれぞれについてベクトルから行列にデータの構造が変わっています。それでも見た目は同じ実装で済むところがPythonの便利なところです。

　この変更に伴い「x.T @ yd」の内積計算では
　x.T：3 × 75 ((入力次元数)×(訓練データ系列数))
　yd：75 × 3 ((訓練データ系列数)×(分類先クラス数))
の行列同士の計算が行われ、結果が3×3の行列となって、元の行列の全要素

をまとめて変更するような動きになっています。

損失関数値と精度の確認

図 9-17 に、損失関数値と精度が、初期状態と最終状態でどうなっているかの結果を示しました。どちらの値も初期状態と比較してよくなっていることがわかります。

```
# 損失関数値と精度の確認
print(' 初期状態 : 損失関数 :%f 精度 :%f'
    % (history[0,1], history[0,2]))
print(' 最終状態 : 損失関数 :%f 精度 :%f'
    % (history[-1,1], history[-1,2]))

初期状態 : 損失関数 :1.092628 精度 :0.266667
最終状態 : 損失関数 :0.197948 精度 :0.960000
```

図 9-17　損失関数値と精度

交差エントロピー関数

図 9-18 に交差エントロピー関数の実装を示します。

```
# 交差エントロピー関数 (9.5.1)
def cross_entropy(yt, yp):
    return -np.mean(np.sum(yt * np.log(yp), axis=1))
```

図 9-18　交差エントロピー関数の実装

交差エントロピー関数は、(9.5.1)式を実装したものです。

引数の yt（正解値ベクトル）と yp（予測値ベクトル）は行列で渡ってくるので
- 「yt * log (yp)」の結果をクラス数の次元単位に足す (np.sum(..., axis=1))
- 1 次元になった計算結果の平均値を計算 (np.mean(...)) した後、マイナスをかける

という計算をする実装になっています。

評価関数

```python
# モデルを評価する関数
from sklearn.metrics import accuracy_score

def evaluate(x_test, y_test, y_test_one, W):

    # 予測値の計算 (確率値)
    yp_test_one = pred(x_test, W)

    # 確率値から予測クラス(0, 1, 2)を導出
    yp_test = np.argmax(yp_test_one, axis=1)

    # 損失関数値の計算
    loss = cross_entropy(y_test_one, yp_test_one)

    # 精度の算出
    score = accuracy_score(y_test, yp_test)
    return loss, score
```

図9-19　評価関数

　図9-19に示す評価関数（evaluate）は、次のような処理をしています。
(1) 検証データ（x_test：学習には使っていないデータ）を使って、予測値の算出
(2) (1)の予測値は、確率値のベクトル情報なので、この値を基にargmax関数で最も確かなクラス値を算出
(3) cross_entropy関数（図9-18で実装済み）で損失関数値の計算
(4) (2)の結果と、scikit-learnのaccuracy_score関数を使って、検証データに対する精度を計算
(5) (3)の損失関数値と(4)の精度を戻り値とする

学習曲線表示

図 9-20 と図 9-21 に検証データ（学習に使っていないデータ）に対する損失関数と精度の学習曲線を示しました。損失関数については、最後までずっと減り続けていることがわかります。また、精度に関しては、2000 回程度まではどんどんよくなっていますが、約 4000 回からは上限に達していることがわかります。

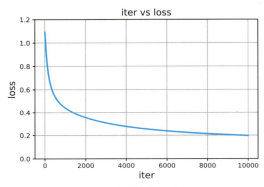

図 9-20　損失関数のグラフ

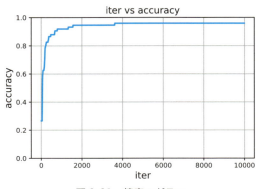

図 9-21　精度のグラフ

最後に図 9-22 に 3 次元表示のグラフを示します。このグラフは、今回のモデルで作った 3 つの分類器それぞれの確率値を、x, y の値を基に求め、3 次元グラフ化したものです。3 つのモデルそれぞれで高い確率値が得られるのがどのような範囲なのか、グラフから読み取れます。

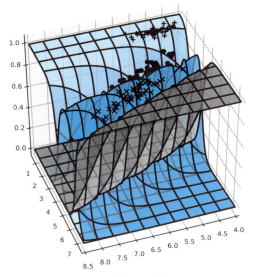

図 9-22　3 つの分類器の予測値の 3 次元グラフ

入力データの 4 次元化

　最後に入力データを 2 次元から 4 次元に増やした場合にどうなるか、試してみましょう。7 章のときと同じで、一般的な次元数に対応できるように最初からコードを実装しているので、入力データの次元数を変えるだけで自動的に試せます。以下では、コードの変更部分と、結果のみを記載します。

```
# ダミー変数を追加
x_all2 = np.insert(x_org, 0, 1.0, axis=1)
```

```
# 学習データ、検証データに分割
from sklearn.model_selection import train_test_split

x_train2, x_test2, y_train, y_test,¥
y_train_one, y_test_one = train_test_split(
    x_all2, y_org, y_all_one, train_size=75,
    test_size=75, random_state=123)
print(x_train2.shape, x_test2.shape,
    y_train.shape, y_test.shape,
    y_train_one.shape, y_test_one.shape)
```

```
(75, 5) (75, 5) (75,) (75,) (75, 3) (75, 3)
```

```
print('入力データ(x)')
print(x_train2[:5,:])
```

```
入力データ(x)
[[1.  6.3 3.3 4.7 1.6]
 [1.  7.  3.2 4.7 1.4]
 [1.  5.  3.  1.6 0.2]
 [1.  6.4 2.8 5.6 2.1]
 [1.  6.3 2.5 5.  1.9]]
```

```
# 学習対象の選択
x, yt, x_test  = x_train2, y_train_one, x_test2
```

図9-23　入力データの作り方

　図9-23に、4次元版の入力データ作成用コードを示しました。x_train2にはダミー変数を加えて5次元のデータができていることがわかると思います。実装コードは汎用性を意識してあるので、これ以降の実装部分は一切修正が不要です。よって、後は実行結果のみ記載します。

```
# 損失関数値と精度の確認
print(' 初期状態 : 損失関数 :%f 精度 :%f'
    % (history[0,1], history[0,2]))
print(' 最終状態 : 損失関数 :%f 精度 :%f'
    % (history[-1,1], history[-1,2]))

初期状態 : 損失関数 :1.091583 精度 :0.266667
最終状態 : 損失関数 :0.137235 精度 :0.960000
```

図 9-24　損失関数値と精度

　図9-24に実行結果のサマリーを示しました。今回の対象データの場合、精度に関しては残念ながら2変数のときと違いがありませんでした。これは前にも説明した通り、1つ異常値に近いデータがあり、この部分がどうしてもエラーになってしまうためと考えられます。しかし、損失関数値に関しては2変数のとき約0.2であったのに対して4変数では約0.14になっており、より品質の高いモデルができていることは確かと考えられます。

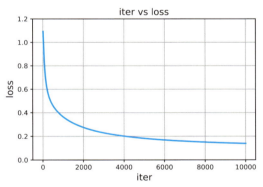

図 9-25　損失関数のグラフ

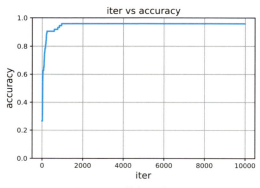

図 9-26　精度のグラフ

　図 9-25、図 9-26 では損失関数値と精度を縦軸とした学習曲線のグラフを示しています。2 変数のときは 0.96 の一番良い精度になったのは繰り返し回数が 4000 回程度のときだったのに対して、今回は 1000 回程度でその値に達しています。損失関数値が小さいこととあわせて、変数を増すことでより品質の良いモデルができたことを示しています。

　もう 1 点、最後の実習で重要なことがあります。本章では元々入力変数が 2 次元という前提で、モデルの挙動に関していろいろと考察を加え、実装のアルゴリズムを作ってきました。そうやってできたモデルを自然な形で入力変数 4 次元に拡張したのですが、結果的になんの問題もなく、この拡張が実現されました。このことは、今回作ったモデルが任意の次元まで拡張可能なことを示しています。実際に次の 10 章では、イメージデータを処理するため、768 次元の入力データを扱うことになります。

Chapter 10

ディープラーニングモデル

必須 ディープラーニングの実現に必須の概念	1章 回帰1	7章 回帰2	8章 2値分類	9章 多値分類	10章 ディープラーニング
1　　損失関数	○	○	○	○	○
3.7　行列と行列演算				○	○
4.5　勾配降下法		○	○	○	○
5.5　シグモイド関数			○		○
5.6　softmax関数				○	○
6.3　尤度関数と最尤推定			○	○	○
10　　誤差逆伝播					○

Chapter 10 ディープラーニングモデル

本章では、いよいよディープラーニングモデルを実装します。

今までのモデルではニューラルネットワークを表す「ノード」は「入力ノード」と「出力ノード」しかなかったのですが、ここではじめて「隠れ層ノード」が登場します。そのため学習規則も複雑になるのですが、順番に計算をしていくと、実は前章で扱ったロジスティック回帰の応用問題であることがわかります。

本章では最初は3層ニューラルネットワークと呼ばれる隠れ層1層のみのネットワークを扱いますが、最後に隠れ層2層のパターンも扱います。ディープラーニングモデルの定義には、「隠れ層のあるニューラルネットワーク」と「隠れ層が最低2層あるニューラルネットワーク」の2通りがありますが、最後の例題はどちらの定義でも「ディープラーニング」に該当することになります。

ここまでくれば山頂まであと一歩です。頑張って、頂上からの風景を見てみましょう。

いつものように本章の構成を図10-1に示します。

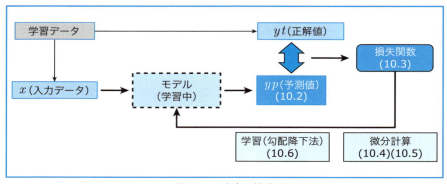

図 10-1　本章の構成

10.1　例題の問題設定

本章では学習対象のデータに「mnist 手書き数字」を使用します。

これは、解像度 28 × 28 の手書き数字のイメージデータが、訓練用 6 万枚、検証用 1 万枚の計 7 万枚分がネット上に公開されているものです。ディープラーニングの場合、学習に大量のデータが必要になるので、学習用としては最適なデータとなっています。

図 10-2 に具体的にどのような手書き文字データが含まれているか、サンプルデータの表示結果を示します。

本章では解像度 28 × 28 のイメージデータを要素数 784（= 28 × 28）の 1 次元データとして扱い、それを入力データとしたモデルを構築します。各要素は、0（白）〜 255（黒）のグレースケール値です。

ディープラーニングでは、画像データを 2 次元データの状態のまま処理を進める CNN と呼ばれる方法もあります。CNN については 11 章で簡単に紹介します。

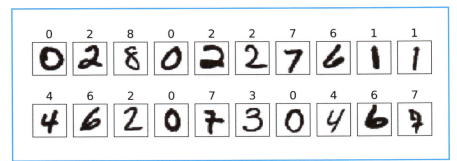

図 10-2　mnist データの一部

10.2 モデルの構成と予測関数

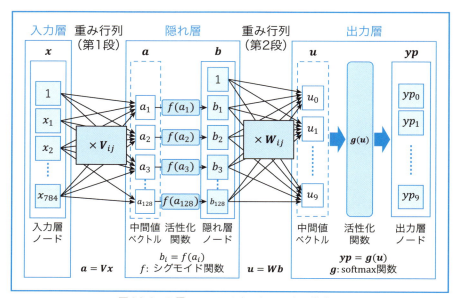

図 10-3　3層ニューラルネットワークの構成図

図 10-3 を見てください。

これが、これから実装する3層ニューラルネットワークの構成となります。随分複雑な形になりましたが、1つひとつの構成要素は、今まで説明してきたものばかりです。それぞれの要素について順を追って説明していきます。

まず全体構成についてです。今まではニューラルネットワークのノードとして、入力層と出力層しかなかったのですが、今回はその中間に「隠れ層」というものができます。それに伴い、重み行列も第1段の行列 V と、第2段の行列 W の2つに増えました。これらの全体の関係についてまず、図 10-3 でしっかり確認するようにしてください。

図 10-3 を見ると、隠れ層と出力層のそれぞれが「中間値ベクトル」「活性化関数（出力用関数）」「結果ノード（隠れ層ノード / 出力層ノード）」の3つで構成されています。3つの構成要素が持つ各機能はすでに8章、9章で出てきて

いるのですが、名称が変わったので以下に説明します。

中間値ベクトル：前の層のノードと重み行列の積を計算した直後のベクトルをこのように呼ぶことにします。9.4 節の図 9-6 との対応でいうと、ベクトル u が該当します。

活性化関数：中間値ベクトルに関数として作用し、各層の最終的な値（結果ノード）を得るためのものです。図 9-6 との対応でいうと、softmax 関数 $g(u)$ が該当します。8 章の 2 値分類ではシグモイド関数でした。

結果ノード：活性化関数の結果得られる最終的な値を持つノードです。図 9-6 との対応でいうと、ベクトル yp が該当します。

この関係を整理すると表 10-1 のようになります。

表 10-1　層と構成要素の関係

	隠れ層	出力層
中間値ベクトル	a	u
活性化関数	シグモイド関数 $f(a_i)$	softmax 関数 $g(u)$
結果ノード	b（隠れ層ノード）	yp（出力層ノード）

それでは予測時のデータの流れを、順を追って説明していきましょう。

まず、最初のステップは入力層ノード x から隠れ層ノード b につながる、隠れ層の処理です。入力層ノード x ではいつものように入力変数に常に 1 の値をとるダミー変数を追加しています。そのため、入力データの次元数は 785 次元となっています。今までの実習と比較して随分次元数が増えましたが、前章でも確認したように、今まで考えてきたアルゴリズムは入力次元数に関係なく使えるものなので問題ないはずです。

隠れ層への入力となる第 1 段の重み行列は V_{ij} としました。隠れ層ノード b の次元数は 128 個としています[1]。この条件から第 1 段の重み行列 V は 785 × 128 の要素を持つものになります。

---

[1] 隠れ層ノードの次元数をいくつにするかは特に決まりはないです。この値を変えると結果がどう変わるかに関心のある読者は、実習プログラムの隠れ層ノードの次元数 (H) の値を変更して試してみてください。

入力層ノード x から、中間値ベクトル a を求めるための式は

$$a = Vx$$

となります。

a の要素 a_i から隠れ層 b の要素 b_i を計算するための数式は、活性化関数 $f(x)$ をシグモイド関数とすると

$$b_i = f(a_i)$$

$$f(x) = \frac{1}{1+\exp(-x)}$$

となります。

次のステップは隠れ層ノード b から出力層ノード yp へつながる出力層の処理です。この時も、先ほど同様重み行列 W との内積により

$$u = Wb$$

という計算で中間値ベクトル u を求めます。このベクトル u を softmax 関数 $g(u)$ にかけることで出力用の予測値 yp が得られることになります。これを式で表すと次のようになります[2]。

$$yp = g(u)$$

$$g_i(u) = \frac{\exp(u_i)}{\sum_{k=0}^{N-1} \exp(u_k)}$$

以上の式を改めて書き直すと次のようになります。

$$a = Vx \tag{10.2.1}$$

$$b_i = f(a_i) \tag{10.2.2}$$

$$f(x) = \frac{1}{1+\exp(-x)} \tag{10.2.3}$$

---

[2] 数式中の N は分類クラス数で、例題の場合 10 になります。

$$\boldsymbol{u} = \boldsymbol{W}\boldsymbol{b} \tag{10.2.4}$$

$$\boldsymbol{yp} = \boldsymbol{g}(\boldsymbol{u}) \tag{10.2.5}$$

$$g_i(\boldsymbol{u}) = \frac{\exp(u_i)}{\displaystyle\sum_{k=0}^{N-1} \exp(u_k)} \tag{10.2.6}$$

　式の数が多くなって追うのが大変になってきたと思います。図 10-3 と見比べながらデータの流れを追いかけてみてください。処理の流れとしては一番左にある入力層ノード $\boldsymbol{x}$ から一番右の出力層ノード $\boldsymbol{yp}$ まで一直線に流れていることがわかると思います。このような、入力層ノード $\boldsymbol{x}$ から出力層ノード $\boldsymbol{yp}$ を得るまでの計算の過程を**順伝播**と呼びます。

10.3　損失関数

　前章で解説した多値分類ロジスティック回帰モデルと本章のディープラーニングモデルを比較すると出力部分はまったく同じことがわかります。これは、損失関数の定義はまったく同じものがそのまま利用できることを意味しています。

　よって、損失関数（交差エントロピー）に関しては式を再掲するのみで解説は省略します。忘れてしまった読者は 9.5 節の解説を再度読んで理解してください。

$$L(\boldsymbol{W}) = -\frac{1}{M} \sum_{m=0}^{M-1} \sum_{i=0}^{N-1} (yt_i^{(m)} \log(yp_i^{(m)}))$$

式の中の変数の意味はそれぞれ次の通りです。

M：データ系列の個数
N：分類先クラス数（この例題の場合 10）
$yt_i^{(m)}$：正解値（m 番目のデータ系列に対する i 番目の分類器の正解）
$yp_i^{(m)}$：予測値（m 番目のデータ系列に対する i 番目の分類器の出力）

次節で行う損失関数の微分計算では、例によって計算を簡単にするため、データ系列の添え字を取り除いた式で計算します。その場合の損失関数の式は次のようになります。

$$L(\boldsymbol{W}) = -\sum_{i=0}^{N-1} yt_i \log(yp_i)$$

10.4　損失関数の微分計算

それでは、いよいよディープラーニングモデルの損失関数に対して微分計算して、勾配降下法の準備をします。

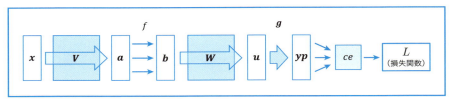

図 10-4　入力データと損失関数の関係

図 10-4 を見てください。

これが、前章の図 9-7 同様、入力データが損失関数値となるまで、どのような計算を経ているかを示したものです。だいぶ構造が複雑になってきたので、図が煩雑にならないよう図 9-7 より省略して書いています。個々の要素は同じなので、わからなくなった読者は図を見比べて理解するようにしてください。図を簡略化するためダミー変数についても省略していますので、その点も頭に置いて読み進めてください。

最初に図 10-4 でそれぞれの変数（正確にいうとほとんどはベクトルです）の関係を整理して確認すると、次のようになります。

$$\boldsymbol{a} = \boldsymbol{V}\boldsymbol{x}$$

$$b_i = f(a_i)$$

$$f(x):シグモイド関数$$

$$u = Wb$$
$$yp = g(u)$$
$$g(u) : \text{softmax 関数}$$
$$L = \text{ce} = -\sum_{k=0}^{N-1} yt_k \log(yp_k)$$

まず、図 10-4 で、最終段の損失関数 L から逆向きにたどって b までの構造を考えます。すると、図 10-4 の変数 b を x で置き換えると前章とまったく同じ構造であることがわかります。つまり、本章の 2 つの重み行列 V と W のうち、第 2 段の重み行列 W に関しては、前章とまったく同じ微分計算が成り立つのです。

この部分を改めて書き直し、前章の式番号を並べて記載すると次のようになります。

$$yd = yp - yt \quad (10.4.1) \leftarrow (9.6.10)$$

$$\frac{\partial L}{\partial u_i} = yd_i \quad (10.4.2) \leftarrow (9.6.11)$$

$$\frac{\partial L}{\partial w_{ij}} = b_j \cdot yd_i \quad (10.4.3) \leftarrow (9.6.13)$$

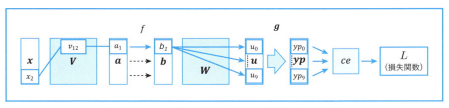

図 10-5　v_{12} を変化させたときに影響を受ける要素

いよいよ第 1 段の重み行列 V の偏微分に挑戦します。前章と同様にまず特定の要素 v_{12} の偏微分の計算を行い、結果が出てから一般化することにしましょう。

図 10-5 を見てください。この図は特定の重み行列の要素 v_{12} に注目して、この要素を変更したときにどこに影響するかを示したものです。図から隠れ層の

中間値ベクトル $\boldsymbol{a}$ に関しては、a_1 という要素だけが関係していることがわかります。ベクトル $\boldsymbol{a}$ のうち a_2 以降の要素は v_{12} の変化に関係ないので、4.4 節の合成関数の公式を使うことで、次の式が成り立つことがわかります。

$$\frac{\partial L}{\partial v_{12}} = \frac{\partial L}{\partial a_1} \cdot \frac{\partial a_1}{\partial v_{12}} \tag{10.4.4}$$

最初に $\dfrac{\partial a_1}{\partial v_{12}}$ を考えます。

式(10.2.1)を要素表現形式に書き直し、a_1 の要素の行を抜き出すと次の式になります。

$$a_1 = v_{10}x_0 + v_{11}x_1 + v_{12}x_2 + v_{13}x_3 + \cdots$$

そこで、次の結果が得られます。

$$\frac{\partial a_1}{\partial v_{12}} = x_2 \tag{10.4.5}$$

(10.4.5)の結果をいったん(10.4.4)に戻すと、次の式が得られます。

$$\frac{\partial L}{\partial v_{12}} = x_2 \cdot \frac{\partial L}{\partial a_1} \tag{10.4.6}$$

次に $\dfrac{\partial L}{\partial a_1}$ の偏微分を計算します。

もう一度、図 10-5 を見てください。a_1 が変化すると $\boldsymbol{b}$ の層では変化は b_1 にだけ伝わります（言いかえると b_2 以降の要素は関係ないということです）。

そこで、合成関数の公式により次の形になります。

$$\frac{\partial L}{\partial a_1} = \frac{\partial L}{\partial b_1} \cdot \frac{db_1}{da_1} \tag{10.4.7}$$

右辺の後半は、関数 $f(a_1)$ の微分なので

$$\frac{db_1}{da_1} = f'(a_1) \tag{10.4.8}$$

となります。

図 10-5 を再度見て、b_1 の変化の影響を確認します。b_1 が変化すると、その変化は $\boldsymbol{u}$ のすべての要素に伝わることがわかります。そこで、偏微分を含んだ合成関数の微分公式(4.4.5)を使って偏微分の値は次のように計算します（N は分類クラス数で、例題の場合 10 になります）。

$$\frac{\partial L}{\partial b_1} = \sum_{l=0}^{N-1} \frac{\partial L}{\partial u_l}\frac{\partial u_l}{\partial b_1} \tag{10.4.9}$$

$\dfrac{\partial L}{\partial u_l}$ に関しては、9 章で得られた結果（(10.4.2) に再掲しました）が使えます。微分する変数名が u_i でなく u_l になっているので、その点を含めて改めて書き直すと

$$\frac{\partial L}{\partial u_l} = yd_l \tag{10.4.10}$$

$\dfrac{\partial u_l}{\partial b_1}$ に関しては、例えば u_2 に注目すると

$$u_2 = w_{20}b_0 + w_{21}b_1 + w_{22}b_2 + w_{23}b_3 + \cdots$$

なので

$$\frac{\partial u_2}{\partial b_1} = w_{21}$$

これを一般化することで

$$\frac{\partial u_l}{\partial b_1} = w_{l1} \tag{10.4.11}$$

結局(10.4.9)は、(10.4.10)と(10.4.11)より次のように書き換えることが可能です。

$$\frac{\partial L}{\partial b_1} = \sum_{l=0}^{N-1} yd_l \cdot w_{l1} \tag{10.4.12}$$

(10.4.7)に(10.4.8)と(10.4.12)を代入すると次の式が得られます。

$$\frac{\partial L}{\partial a_1} = f'(a_1) \sum_{l=0}^{N-1} yd_l \cdot w_{l1} \tag{10.4.13}$$

(10.4.6) と (10.4.13) が最終的な偏微分の結果です。この結果を v_{ij} の要素に一般化すると、次のような式になります。

$$\frac{\partial L}{\partial v_{ij}} = x_j \cdot \frac{\partial L}{\partial a_i} \tag{10.4.14}$$

$$\frac{\partial L}{\partial a_i} = f'(a_i) \sum_{l=0}^{N-1} yd_l \cdot w_{li} \tag{10.4.15}$$

これが、**第 1 段の重み行列 V の特定の要素 v_{ij} に対する偏微分の計算結果**となります。

10.5　誤差逆伝播

　本節では、前節で得られた偏微分の計算結果を Python のアルゴリズムに落としやすい形に整理します。その結果、重み行列の微分計算は予測時とは逆に、出力層ノードに近い方から逆向きに計算する必要があることがわかります。また、一連の微分計算の出発点は、出力層ノードの誤差であることもわかります。このため、この計算方式が「**誤差逆伝播法**」と呼ばれるようになりました。以下ではこの点を具体的に確認していきます。

　まず、前節で得られた重み行列 V の要素による偏微分の結果を、前章で求めた重み行列 W の偏微分の結果と並べてみます。

前章の結果（重み行列 W の偏微分）

$$\frac{\partial L}{\partial w_{ij}} = b_j \cdot \frac{\partial L}{\partial u_i} \tag{10.5.1}$$

$$\frac{\partial L}{\partial u_i} = yd_i \tag{10.5.2}$$

本章の結果（重み行列 V の偏微分）

$$\frac{\partial L}{\partial v_{ij}} = x_j \cdot \frac{\partial L}{\partial a_i} \tag{10.5.3}$$

$$\frac{\partial L}{\partial a_i} = f'(a_i) \sum_{l=0}^{N-1} yd_l \cdot w_{li} \tag{10.5.4}$$

すると、隠れ層ノードの b に対して、「b の誤差 bd」を

$$bd_i = \frac{\partial L}{\partial a_i} = f'(a_i) \sum_{l=0}^{N-1} yd_l \cdot w_{li} \tag{10.5.5}$$

という式で定義すれば、(10.5.3)(10.5.4) の式は

$$\frac{\partial L}{\partial v_{ij}} = x_j \cdot bd_i \tag{10.5.6}$$

$$\frac{\partial L}{\partial a_i} = bd_i \tag{10.5.7}$$

と、(10.5.1)(10.5.2) と同じ形式で表現できることがわかります。

ディープラーニングでは、ここで定義された bd を「**隠れ層における誤差**」と解釈します。第 1 段の重み行列 V の偏微分（勾配）も、第 2 段の重み行列 W の偏微分（勾配）と同じ数式で計算でき、便利だからです。

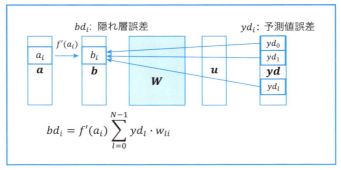

図 10-6　隠れ層の誤差計算

図 10-6 を見てください。これは、隠れ層の誤差 bd を計算するための式

(10.5.5)を模式的に示したものです。図を見ればわかるように、予測値の誤差 yd_l に重み行列 w_{li} をかけて足した結果が誤差の計算に使われています。

隠れ層2層の学習

隠れ層1層のニューラルネットワークに対する偏微分計算は(10.5.5)と(10.5.7)で求まったので、あとはこれを勾配降下法のアルゴリズムに落とすだけなのですが、せっかくここまで計算をしたので、隠れ層2層の場合の偏微分計算もしてみましょう。

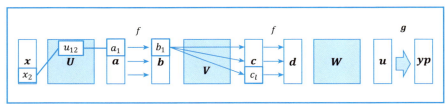

図 10-7　隠れ層2層のニューラルネットワーク

図10-7を見てください。これが隠れ層2層のニューラルネットワークを示した図になります。先ほど説明した隠れ層1層のパターンと比較して新たに増えたのが、U_{ij} で示される入力層ノードに一番近い層への入力となる重み行列です。そこで、この新しい部分の偏微分計算を行ってみます。例によって、U の特定の要素 u_{12} に着目して偏微分計算を始めます。

まず、合成関数の微分を2重に使って

$$\frac{\partial L}{\partial u_{12}} = \frac{\partial L}{\partial b_1} \cdot \frac{db_1}{da_1} \cdot \frac{\partial a_1}{\partial u_{12}}$$

それぞれの微分の結果は先ほどの復習なので、細かい説明を省略します[3]。

$$\frac{\partial L}{\partial b_1} = \sum_{l=1}^{H} \frac{\partial L}{\partial c_l} \frac{\partial c_l}{\partial b_1} = \sum_{l=1}^{H} dd_l \cdot v_{l1}$$

---

[3] ここで出てくる H は隠れ層ノードの次元数を表します。厳密にいうと隠れ層にもダミー変数が存在するのですが、それはコード実装のときに配慮することとし、今は無視します。

$$\frac{db_1}{da_1} = f'(a_1)$$

$$\frac{\partial a_1}{\partial u_{12}} = x_2$$

結局、次のようになります。

$$\frac{\partial L}{\partial u_{12}} = x_2 \cdot \frac{\partial L}{\partial a_1}$$

$$\frac{\partial L}{\partial a_1} = f'(a_1) \sum_{l=1}^{H} dd_l \cdot v_{l1}$$

要素を u_{ij} に一般化すると次の通りです。

$$\frac{\partial L}{\partial u_{ij}} = x_j \cdot \frac{\partial L}{\partial a_i} \tag{10.5.8}$$

$$\frac{\partial L}{\partial a_i} = f'(a_i) \sum_{l=1}^{H} dd_l \cdot v_{li} \tag{10.5.9}$$

この 2 つの式から次のことがわかります。

・**第 1 段の重み行列 u_{ij} の偏微分**（勾配）を計算するには**隠れ層 1 の誤差** $bd_i = \dfrac{\partial L}{\partial a_i}$ がわかればよい（式(10.5.8)より）

・**隠れ層 1 の誤差** $bd_i = \dfrac{\partial L}{\partial a_i}$ は、**隠れ層 2 の誤差 dd_l** と**第 2 段の重み行列 v_{li}** の値から計算できる（式(10.5.9)より）

同じ構造の繰り返しなので、微分計算も先ほどと同じ式で導出できます。

今の例では

(1) 誤差の計算

1-a 出力値の誤差ベクトル yd（予測値ベクトル yp と正解値ベクトル yt から）
1-b 隠れ層2の誤差ベクトル dd（yd と重み行列 W から）
1-c 隠れ層1の誤差ベクトル bd（dd と重み行列 V から）

(2) 偏微分（勾配）の計算
2-a W の勾配計算（yd と d から）
2-b V の勾配計算（dd と b から）
2-c U の勾配計算（bd と x から）

という形で図10-7の3つの重み行列すべての偏微分（勾配）が計算できることになります。

計算フローのイメージをまとめると図10-8のようになります。

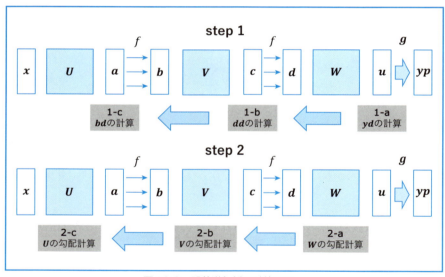

図10-8　誤差逆伝播の計算フロー

この計算方法であれば、隠れ層が何層に増えても、各層への入力となる重み行列の偏微分計算が原理上可能なことがわかると思います。これがディープラーニングにおける**学習の根本原理**となるのです。

またこの一連の計算で重要な点として、予測フェーズでは入力層から出力層

に向けて順方向に計算処理が進む（順伝播）のに対して、**学習フェーズでは出力層から入力層に向かい逆方向に誤差計算が進む**形になることがわかります。これが、**誤差逆伝播**というの名前のついた由来だったのです。

10.6 勾配降下法の適用

前節までで、損失関数に対する重み行列の偏微分の結果（勾配関数）が定まったので、いつものように勾配降下法のアルゴリズムを実装します。

これも恒例の、添え字、変数の意味を事前に整理しておきます。

【添字】
k：繰り返し回数 index
m：データ系列 index
i, j, l：ベクトル、行列の添え字

【変数】
M：データ系列の総数
N：分類クラス数
H：隠れ層ノードの次元数

アルゴリズムについては、複雑になってきたので「関数定義」「予測値計算」「誤差計算」「勾配計算」の 4 つに分けることします。隠れ層が 1 段の場合をまず考えます。

関数定義

$$f(x) = \frac{1}{1 + \exp(-x)} \tag{10.6.1}$$

$$g_i(\boldsymbol{u}) = \frac{\exp(u_i)}{\displaystyle\sum_{j=0}^{N-1} \exp(u_j)} \tag{10.6.2}$$

予測値計算

$$a^{(k)(m)} = V^{(k)} x^{(m)} \tag{10.6.3}$$

$$b_i^{(k)(m)} = f(a_i^{(k)(m)}) \tag{10.6.4}$$

$$u^{(k)(m)} = W^{(k)} b^{(k)(m)} \tag{10.6.5}$$

$$yp^{(k)(m)} = g(u^{(k)(m)}) \tag{10.6.6}$$

誤差計算

$$yd^{(k)(m)} = yp^{(k)(m)} - yt^{(m)} \tag{10.6.7}$$

$$bd_i^{(k)(m)} = f'(a_i^{(k)(m)}) \sum_{l=0}^{N-1} yd_l^{(k)(m)} w_{li}^{(k)} \tag{10.6.8}$$

勾配計算

$$w_{ij}^{(k+1)} = w_{ij}^{(k)} - \frac{\alpha}{M} \sum_{m=0}^{M-1} b_j^{(k)(m)} yd_i^{(k)(m)} \tag{10.6.9}$$

$$v_{ij}^{(k+1)} = v_{ij}^{(k)} - \frac{\alpha}{M} \sum_{m=0}^{M-1} x_j^{(m)} bd_i^{(k)(m)} \tag{10.6.10}$$

それぞれの数式の意味は次の通りです。

関数定義

(10.6.1) シグモイド関数の定義

(10.6.2) softmax 関数の定義

予測値計算

（10.6.3）入力層ノードと第 1 段の重み行列の内積
（10.6.4）内積の結果をシグモイド関数にかけて、隠れ層ノードの値とする
（10.6.5）隠れ層ノードと第 2 段の重み行列の内積
（10.6.6）内積の結果を softmax 関数にかけて、予測値とする

誤差計算

（10.6.7）予測値誤差
（10.6.8）予測値誤差から隠れ層の誤差を計算

勾配計算

（10.6.9）予測値誤差から第 2 段の重み行列の勾配の計算
（10.6.10）隠れ層誤差から第 1 段の重み行列の勾配の計算

隠れ層が 2 段の場合の勾配計算は次のようになります。変数の数が多くなってきましたが、どの変数が何を意味するのかわからなくなったときは、前節の図 10-8 と見比べるようにしてください（隠れ層が 1 段の場合と共通のシグモイド関数、softmax 関数定義は省略しています）。

予測値計算

$$\boldsymbol{a}^{(k)(m)} = \boldsymbol{U}^{(k)} \boldsymbol{x}^{(m)} \tag{10.6.11}$$

$$b_i^{(k)(m)} = f(a_i^{(k)(m)}) \tag{10.6.12}$$

$$\boldsymbol{c}^{(k)(m)} = \boldsymbol{V}^{(k)} \boldsymbol{b}^{(k)(m)} \tag{10.6.13}$$

$$d_i^{(k)(m)} = f(c_i^{(k)(m)}) \tag{10.6.14}$$

$$\boldsymbol{u}^{(k)(m)} = \boldsymbol{W}^{(k)} \boldsymbol{d}^{(k)(m)} \tag{10.6.15}$$

$$\boldsymbol{yp}^{(k)(m)} = \boldsymbol{g}(\boldsymbol{u}^{(k)(m)}) \tag{10.6.16}$$

誤差計算

$$yd^{(k)(m)} = yp^{(k)(m)} - yt^{(m)} \tag{10.6.17}$$

$$dd_i^{(k)(m)} = f'(c_i^{(k)(m)}) \sum_{l=0}^{N-1} yd_l^{(k)(m)} w_{li}^{(k)} \tag{10.6.18}$$

$$bd_i^{(k)(m)} = f'(a_i^{(k)(m)}) \sum_{l=1}^{H} dd_l^{(k)(m)} v_{li}^{(k)} \tag{10.6.19}$$

勾配計算

$$w_{ij}^{(k+1)} = w_{ij}^{(k)} - \frac{\alpha}{M} \sum_{m=0}^{M-1} d_j^{(k)(m)} yd_i^{(k)(m)} \tag{10.6.20}$$

$$v_{ij}^{(k+1)} = v_{ij}^{(k)} - \frac{\alpha}{M} \sum_{m=0}^{M-1} b_j^{(k)(m)} dd_i^{(k)(m)} \tag{10.6.21}$$

$$u_{ij}^{(k+1)} = u_{ij}^{(k)} - \frac{\alpha}{M} \sum_{m=0}^{M-1} x_j^{(m)} bd_i^{(k)(m)} \tag{10.6.22}$$

それぞれの数式の意味については、ほとんど先ほどの隠れ層が1段の場合の式の繰り返しなので省略します。関心のある読者は復習を兼ねて自分で考えてみてください。

10.7 プログラム実装（その1）

いよいよコードによる実装にチャレンジしてみます。この章のコードも巻末に示す読者限定サイトからダウンロードが可能ですので、ぜひJupyter Notebook上で実際の動きを確認しながら読み進めるようにしてください。本章でも、コードの中で重要な点をピックアップして解説します。

データ内容の確認

```
# データ内容の確認

N = 20
np.random.seed(123)
indexes = np.random.choice(y_test.shape[0], N, replace=False)
x_selected = x_test[indexes,1:]
y_selected = y_test[indexes]
plt.figure(figsize=(10, 3))
for i in range(N):
    ax = plt.subplot(2, N/2, i + 1)
    plt.imshow(x_selected[i].reshape(28, 28),cmap='gray_r')
    ax.set_title('%d' %y_selected[i], fontsize=16)
    ax.get_xaxis().set_visible(False)
    ax.get_yaxis().set_visible(False)
plt.show()
```

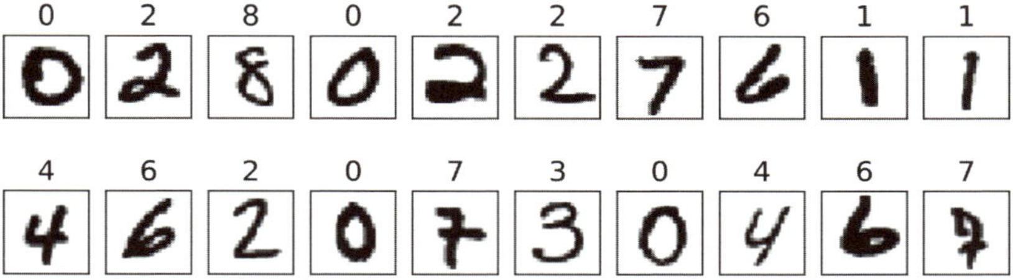

図10-9　データ内容の確認

　図10-9を見てください。これはサンプルイメージを表示するためのプログラムとその表示結果です。図を見ればわかる通り、手書き数字は人間でも判断が難しい数字も一部含まれています。

入力データの加工

```
# 入力データの加工

# step1 データ正規化 値の範囲を[0, 1]とする
x_norm = x_org / 255.0

# 先頭にダミー変数(1)を追加
x_all = np.insert(x_norm, 0, 1, axis=1)

print('ダミー変数追加後 ', x_all.shape)
```

ダミー変数追加後 (70000, 785)

図 10-10　入力データの加工

　図 10-10 を見てください。このプログラムは、入力データの加工処理の実装になります。元の入力値は 0 から 255 までの整数値ですが、機械学習の入力データはあまり大きくない値の方が望ましいです。そこで、すべての項目を 255 で割って、値を 0 から 1 の範囲に収める処理を行っています。その後で、いつものようにダミー変数を追加しています。

ミニバッチ学習法

　前章までの例題は、データの件数が数百件と大きなものではなかったので、学習時の勾配の計算はすべてのデータでまとめて行っていました。しかし、今回の例題のように全体のデータ件数が数万件になった場合、様子が違ってきます。このような場合、学習データ全体からランダムに一部のデータをとり、そのデータで学習する方法がよく使われていて、**ミニバッチ学習法**と呼ばれています。詳細は 4.5 節のコラムを参照してください[4]。scikit-learn などのライブラリで適当な関数がなかったため、ミニバッチ用 index を取得するための Indexes クラスは独自に実装しました。本書は Python の文法解説を目的とする本ではないので、その実装の解説は省略し、テストコードを掲載することで使い方のみ解説します。

　図 10-11 が Indexes のテストコードです。

---

[4] 11.7 節でも説明しています。

```
# Indexes クラスのテスト

# クラス初期化
# 20: 全体の配列の大きさ
# 5: 1回に取得するindexの数
indexes = Indexes(20, 5)

for i in range(6):
    # next_index 関数呼び出し
    # 戻り値1: index の numpy 配列
    # 戻り値2: 作業用 Index の更新があったかどうか
    arr, flag = indexes.next_index()
    print(arr, flag)
```

```
[17  3  5 15  4] True
[ 2 14 11  8 12] False
[ 0  9 19 10  1] False
[16 18  7 13  6] False
[16  2 19  8 14] True
[ 1  4  7 18 10] False
```

図 10-11　Indexes クラスのテストコード

クラス初期化時：

　コンストラクターは2つの引数をとります。第1引数はIndexの全体数、第2引数は1回あたりに戻すindexの数です。今回の例では、第1引数：60000（テストデータ件数）、第2引数：512（ミニバッチサイズ）が実際には指定されることになります。

index 取得時：

　arrとflagの2つの値が戻されます。arrはNumPy形式のIndex配列、flagは作業用Indexの更新があったかどうかを意味するフラグです。後者のフラグを利用することで、テストデータによる精度の記録など、1 epoch単位で行いたい処理のコントロールをします。なお、**epoch**とはミニバッチ学習法で使われる繰り返し回数の単位で、全体のデータをそれぞれ何回ずつ使用したかを示します。ディープラーニングの学習でよく使われる概念なので、この機会に覚

えるようにしてください。

初期化処理

```
# 変数初期宣言 初期バージョン

# 隠れ層ノードの次元数
H = 128
H1 = H + 1
# M: 訓練用データ系列の総数
M = x_train.shape[0]
# D: 入力データ次元数
D = x_train.shape[1]
# N: 分類クラス数
N = y_train_one.shape[1]

# 繰り返し回数
nb_epoch = 100
# ミニバッチサイズ
batch_size = 512
B = batch_size
# 学習率
alpha = 0.01

# 重み行列の初期設定(すべて1)
V = np.ones((D, H))
W = np.ones((H1, N))

# 評価結果記録用(損失関数値と精度)
history1 = np.zeros((0, 3))

# ミニバッチ用関数初期化
indexes = Indexes(M, batch_size)

# 繰り返し回数カウンタ初期化
epoch = 0
```

図 10-12　初期化処理

図 10-12 は初期化処理の実装です。今まで出てこなかった変数について解説

します。

H, H1：

　Hは隠れ層ノードの次元数です。次元数について特に決まりはないのですが、今回は 128 と設定しています。今まで説明していませんでしたが、隠れ層にもダミー変数は必要です。ダミー変数も足した次元数を H1 で定義しています。

V, W：

　前章では 1 つだった重み行列が、V, W の 2 つに増えています。サイズは、第 1 段の V の場合「(入力データ次元数) × (隠れ層ノード次元数)」、第 2 段の W の場合「(隠れ層ノード次元数＋1) × (分類クラス数)」となります。隠れ層とダミー変数の関係については、本章冒頭付近の図 10-3 に正確に示していますので、そちらを参照してください。この図を見るとなぜ重み行列 V の次元数が H で重み行列 W の次元数が H1 なのかわかると思います。

　なお、前章までと同様に重み行列の初期値はすべて 1 で設定しています。

　また、先ほど説明したミニバッチ処理用の index を取得するための indexes クラスに関して、全体数：M(=60000)、1 回あたりの index 数：batch_size (=512) で初期化しています。

メイン処理

```python
# メイン処理
while epoch < nb_epoch:

    # 学習対象の選択（ミニバッチ学習法）
    index, next_flag = indexes.next_index()
    x, yt = x_train[index], y_train_one[index]

    # 予測値の計算（順伝播）
    a = x @ V                              # (10.6.3)
    b = sigmoid(a)                         # (10.6.4)
    b1 = np.insert(b, 0, 1, axis=1)        # ダミー変数の追加
    u = b1 @ W                             # (10.6.5)
    yp = softmax(u)                        # (10.6.6)

    # 誤差の計算
    yd = yp - yt                           # (10.6.7)
    bd = b * (1-b) * (yd @ W[1:].T)        # (10.6.8)

    # 勾配計算
    W = W - alpha * (b1.T @ yd) / B        # (10.6.9)
    V = V - alpha * (x.T @ bd) / B         # (10.6.10)

    # ログ記録用
    if next_flag: # 1epoch 終了後の処理
        score, loss = evaluate(
            x_test, y_test, y_test_one, V, W)
        history1 = np.vstack((history1,
            np.array([epoch, loss, score])))
        print("epoch = %d loss = %f score = %f"
            % (epoch, loss, score))
        epoch = epoch + 1
```

図 10-13　ディープラーニングのメイン処理

　図 10-13 を見てください。これがディープラーニングアルゴリズムのメイン処理です。

　処理の冒頭では、ミニバッチ用のクラスから新しい index の値を取得し、その値を基に学習用の変数 x と yt を設定しています。

計算処理の前半は「**順伝播**」と呼ばれる、入力変数から予測値を得るまでの処理です。前章まででではこの処理はまとめて pred という関数にしていましたが、本章では計算途中の値を別目的で使う（誤差の計算に必要）ので、1 ステップずつわかる形の実装に変更しました。基本的に (10.6.3) から (10.6.6) までの式と対応しているのですが、1 つ例外なのが、ダミー変数の追加の処理です。説明が煩雑になるので今まで省略していましたが、実は隠れ層にもダミー変数は必要で、それを追加するための処理となります。

　計算処理の後半部分は**誤差計算**と**勾配計算**になります。(10.6.8)の誤差計算では、NumPy の特徴を活かして複数のベクトル成分を一気に計算しているため、元の(10.6.8)式より簡潔な表現になっています。

(10.6.8)のコードについては 2 点追加で補足します。

まず、元の式で $f'(a)$ となっている箇所については、現在は関数がシグモイド関数なので、シグモイド関数の微分計算の結果 $y' = y(1-y)$ により、「b * (1–b)」に置き換えています。

次に元の数式との関連でいうと、以下の (10.6.8) の一部に対応する「yd @ W[1:].T」というコードの説明です。

$$\sum_{l=0}^{N-1} yd_l^{(k)(m)} \cdot w_{li}^{(k)}$$

図 10-14 を見てください。

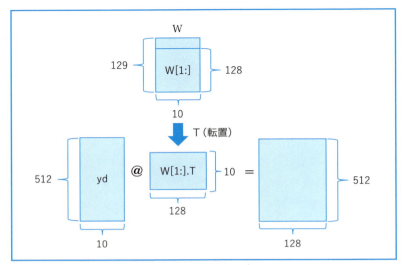

図 10-14　誤差計算の詳細

　重み行列 W のうち、ダミー変数用で誤差の計算に関係ない部分を落とす処理が W[1:] になります。行列 yd は yp と同じで、(512 × 10) のサイズです。(512 はバッチサイズ、10 はクラス数)。一方、W[1:] は (128 × 10) のサイズを持っています。この行列を転置するとサイズは (10 × 128) になり、yd との内積をとることで最終的に (512 × 128) のサイズの行列が得られます。これが今求めたい隠れ層の誤差行列になります。

　(10.6.9)(10.6.10) の勾配計算の式については、前章と同じで、内積計算により重み行列の全要素を一度に計算する方式となっています。

　さあ、これで準備は整いました。初期化処理セル、メイン処理セルを順に実行して結果を確認してみます。ところが…。

　図 10-15 にこの段階で 100epoch 実行したときの学習曲線のグラフを示しました。まったく学習が進んでいないように見えます。アルゴリズムに問題があったのでしょうか？

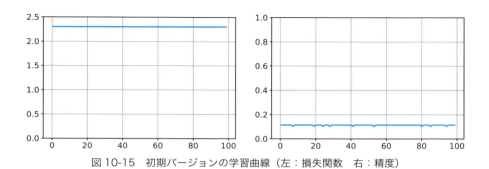

図 10-15　初期バージョンの学習曲線（左：損失関数　右：精度）

10.8　プログラム実装（その2）

重み行列の初期化の工夫

　前節のプログラムがうまくいかなかった種明かしをしましょう。実は重み行列の初期値に問題があったのです。前章までの実習でやったように入力変数の次元数が小さい場合、重みベクトル・重み行列の初期値が問題になることはほぼありません。ところが本章の実習のように入力データの次元数が1000に近いような大きな値の場合、重み行列の初期値を慎重に決めないとうまく収束してくれないのです。

　重み行列の初期値の決め方はいくつかありますが、今回は次の方法を紹介します[5]。

- 重み行列の各要素の値は平均0、分散1の正規分布乱数[6]を一定値で割った値とする
- 一定値としては、入力データ次元数をNとした場合$\sqrt{\dfrac{N}{2}}$とする

　早速先ほどのコードで、変数の初期化の部分だけを上の方法に差し替えて、同じプログラムを実行してみることにします。

---

[5] 11.8節で解説しますが、これは「He normal」と呼ばれる方法になります。
[6] 正規分布関数については6.2節で紹介しました。個々の値の発生確率が正規分布に従うような乱数を正規分布乱数といいます。

```
# 重み行列の初期化の改訂版
V = np.random.randn(D, H) / np.sqrt(D / 2)
W = np.random.randn(H1, N) / np.sqrt(H1 / 2)
print(V[:2,:5])
print(W[:2,:5])

[[-0.05479769  0.05034146  0.01428347 -0.0760309  -0.02920511]
 [ 0.02394289 -0.02846431 -0.05034025 -0.05552517 -0.03818151]]
[[-0.04639015  0.12208132 -0.09068864 -0.09727418 -0.10204216]
 [ 0.03651466  0.07946677 -0.28606743  0.05307577 -0.09380706]]
```

図10-16　改訂版の重み行列初期化ロジック

図10-16には具体的な修正コードと、修正した結果、重み行列の初期値がどのような値になっているかサンプル表示した結果を示しました。

それでは実際に試してみましょう。今回の結果の学習曲線と最終結果を図10-17に示します。

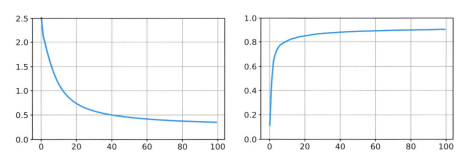

```
# 損失関数値と精度の確認
print('初期状態: 損失関数:%f 精度:%f'
      % (history2[0,1], history2[0,2]))
print('最終状態: 損失関数:%f 精度:%f'
      % (history2[-1,1], history2[-1,2]))
```

初期状態: 損失関数:2.495346 精度:0.113300
最終状態: 損失関数:0.347606 精度:0.903700

図10-17　重み行列設定改善版の学習曲線（左上：損失関数　右上：精度　下：最終結果）

先ほどの結果がうそのように、きれいな学習曲線となりました。7.10 節の線形回帰の実習で説明した学習率の話もそうなのですが、**機械学習・ディープラーニングというのは、このように微妙なバランスの中で動いているものなのです**。しかし、精度としては 100 epoch でまだ 90％程度であり、あまり良いモデルとはいえないようです。何か良い方法はないものでしょうか？

10.9 プログラム実装 (その 3)

ReLU 関数の導入

前節の問いに対する答えはいくつかあるのですが、一番簡単な方法を紹介します。それは、入力データと重み行列の内積の計算をした後、隠れ層ノードの値を決めるために使っていた関数（この関数は活性化関数と呼ばれています）を今まで使っていたシグモイド関数でなく ReLU 関数[7]に差し替える方法です。

ReLU 関数とは次のような数式で定義される関数です。

$$f(x) = \begin{cases} 0 & (x < 0 \text{ の場合}) \\ x & (x \geqq 0 \text{ の場合}) \end{cases}$$

勾配降下法を用いる場合、勾配の計算で活性化関数の微分 ($f'(x)$) も計算する必要があるのですが、ReLU 関数の場合、その微分は次のような階段状の関数（ステップ関数と呼ばれています）になります。

$$f'(x) = \begin{cases} 0 & (x < 0 \text{ の場合}) \\ 1 & (x \geqq 0 \text{ の場合}) \end{cases}$$

Python でこの 2 つの関数を定義すると、図 10-18 のようになります。

---

[7]「ランプ関数」と読むことが多いようです。

```
# ReLU 関数
def ReLU(x):
    return np.maximum(0, x)
```

```
# step 関数
def step(x):
    return 1.0 * ( x > 0)
```

図 10-18　ReLU 関数と step 関数の定義

2 つの関数のグラフを同時に書いた結果を図 10-19 に示します。

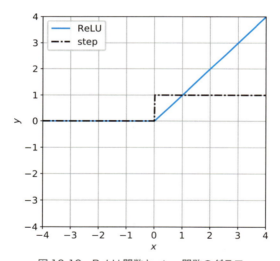

図 10-19　ReLU 関数と step 関数のグラフ

　図 10-20 にコードの変更部分を示します。アルゴリズムの本質的な部分に関しては図の下線部分の 2 カ所のみの変更です（付随的な部分では、評価関数のところでもう 1 カ所修正が必要です）。

```
# 予測値の計算（順伝播）
a = x @ V                        # (10.6.3)
b = ReLU(a)                      # (10.6.4) ReLU 化
b1 = np.insert(b, 0, 1, axis=1)  # ダミー変数の追加
u = b1 @ W                       # (10.6.5)
yp = softmax(u)                  # (10.6.6)

# 誤差の計算
yd = yp - yt                     # (10.6.7)
bd = step(a) * (yd @ W[1:].T)    # (10.6.8) ReLU 化

# 勾配計算
W = W - alpha * (b1.T @ yd) / B  # (10.6.9)
V = V - alpha * (x.T @ bd) / B   # (10.6.10)
```

図 10-20　ReLU 化に伴うコード修正部分

それでは早速実行してみましょう。結果は、図 10-21 のようになりました。先ほどと同じ繰り返し回数 100 回で、90% 強の精度が 95% 弱まで上がりました。確かに活性化関数を差し替えた効果が認められます。

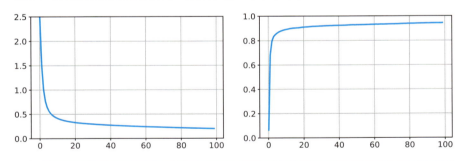

```
# 損失関数値と精度の確認
print('初期状態 : 損失関数 :%f 精度 :%f'
      % (history3[0,1], history3[0,2]))
print('最終状態 : 損失関数 :%f 精度 :%f'
      % (history3[-1,1], history3[-1,2]))
```

初期状態 : 損失関数 :2.436569 精度 :0.054900
最終状態 : 損失関数 :0.199998 精度 :0.943100

図 10-21　活性化関数差し替え後の学習曲線（左上：損失関数　右上：精度　下：最終結果）

本節の最後に、こうやって作ったモデルで本章の冒頭に見せたサンプルイメージ20個に対する分類結果を示します。各イメージの上のテキストのうち、左：正解、右：予測値です。20個中19個が正解で、ほぼ精度通りの結果となっていることがわかります。

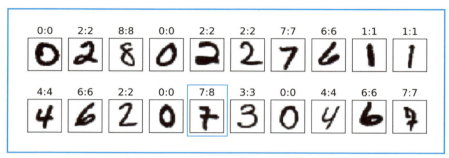

図 10-22　サンプルイメージに対する精度検証結果

10.10　プログラム実装（その 4）

隠れ層の 2 層化

最後に、今回のモデルで隠れ層を 2 層化した場合の実装をしてみます。

一般的に隠れ層が 2 層以上のニューラルネットワークモデルを「ディープラーニングモデル」と呼ぶ場合があります。そういう意味では、本節で実装するモデルが本当のディープラーニングモデルということになります。

とはいえ、ここまでの道のりを歩いてきた読者は、それがそんなに高いハードルでないことはもう理解していると思います。実際、10.9 節のコードと比較して本質的な意味での変更点は、図 10-23 の初期化宣言の部分（重み行列が 1 つ増える）と図 10-24 のメインループ内部の処理の 2 カ所だけです（厳密には、評価関数の実装でもう 1 カ所変更があります）。それぞれの追加内容も、隠れ層 1 層モデルからの自然な拡張なので、追加での説明の必要がないくらいです。

```
# 重み行列の初期設定
U = np.random.rand(D, H) / np.sqrt(D / 2)
V = np.random.rand(H1, H) / np.sqrt(H1 / 2)
W = np.random.rand(H1, N) / np.sqrt(H1 / 2)
```

図10-23　初期化宣言の部分

```
# 予測値の計算（順伝播）
a = x @ U                          # (10.6.11)
b = ReLU(a)                        # (10.6.12)
b1 = np.insert(b, 0, 1, axis=1)    # ダミー変数の追加
c = b1 @ V                         # (10.6.13)
d = ReLU(c)                        # (10.6.14)
d1 = np.insert(d, 0, 1, axis=1)    # ダミー変数の追加
u = d1 @ W                         # (10.6.15)
yp = softmax(u)                    # (10.6.16)

# 誤差の計算
yd = yp - yt                       # (10.6.17)
dd = step(c) * (yd @ W[1:].T)      # (10.6.18)
bd = step(a) * (dd @ V[1:].T)      # (10.6.19)

# 勾配計算
W = W - alpha * (d1.T @ yd) / B    # (10.6.20)
V = V - alpha * (b1.T @ dd) / B    # (10.6.21)
U = U - alpha * (x.T @ bd) / B     # (10.6.22)
```

図10-24　メイン処理内部の処理

図10-24のコードには、10.6節で記載したアルゴリズムの式との対応もコメントで追記しておきましたので、対比してみてください。

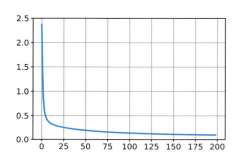
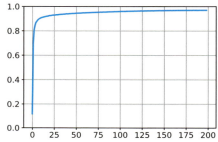

```
# 損失関数値と精度の確認
print('初期状態: 損失関数:%f 精度:%f'
    % (history4[1,1], history4[1,2]))
print('最終状態: 損失関数:%f 精度:%f'
    % (history4[-1,1], history4[-1,2]))
```

初期状態: 損失関数:1.390761 精度:0.731900
最終状態: 損失関数:0.098557 精度:0.971100

図 10-25　隠れ層を 2 層化したときのテスト結果

　図 10-25 に、このモデルのテスト結果を示しました。今回は、モデルの自由度が上がって繰り返し回数を増やす意味がありそうだったので、nb_epoch に関しては 100 回から 200 回に増やしています。

　その結果、前節の損失関数値は 0.20 程度、精度は 94.4% 程度だったのに対して、本節では損失関数値は 0.10 程度、精度は 97.0% 程度と改善された結果が得られています。層の数を増やしたことにより、パラメータの自由度が増え問題への適合度も高くなったことにより、認識精度も上がったと考えられます。

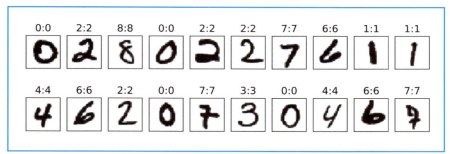

図 10-26　サンプルイメージに対する精度検証結果

　図 10-26 には、本章冒頭で見せたサンプルデータに対する分類結果を示します。前節の図 10-22 では誤認識していた 1 つについても、正しく認識されるようになっています。確かに全体的な精度が向上しているようです。

　お疲れ様でした。これでディープラーニングに向けた長い登山は完了しました。頂上からの風景はいかがでしたでしょうか？
　実は頂上に立ってみると、すぐ近くにもっと高い山があることがわかります。発展編の 11 章では、より高い山に登るために必要な、重要概念を一通り紹介します。次章を読んで、次の山登りの計画を立ててください。

発展編

11章 実用的なディープラーニングを目指して

Chapter 11

実用的なディープラーニングを目指して

Chapter 11 実用的なディープラーニングを目指して

　これまで、「数学から見たディープラーニング」ということに力点を置き、ディープラーニングに関しては基礎的な話に注力して解説をしてきました。

　本章は「より実用的なディープラーニング」を意識したときに、どのような概念の理解が必要かを俯瞰的に説明します。前章までと比較すると個々の概念の説明は概要の範囲にとどまります。あくまで知識項目や、概念の紹介になりますので、詳細な理解を目指す場合は関連する専門書を参照してください。

11.1　フレームワークの利用

　本書では、「ディープラーニングのアルゴリズムを数学的に理解する」ということが目的だったので、学習ルールの実装に関するところはすべてスクラッチ[1]でコーディングしました[2]。

　この方針は「数学的に理解する」という目的において意味があることです。一方でディープラーニングのモデルを作るたびに前章のようなコーディングをするのは手間がかかりすぎです。現在は、非常に便利なディープラーニング用のフレームワークがいくつか出ていますので、こうしたフレームワークを利用してモデルを構築することが現実的です。図 11-1 に比較的よく利用されているフレームワークとそれぞれの特徴を簡単にまとめておきました。

---

[1] ライブラリなどを使わず、すべて 1 から開発する方法のことを「スクラッチ開発」と呼びます。
[2] 何カ所か scikit-learn のライブラリを使っていますが、すべて学習用データ取得・データ前処理や精度評価など、周辺のユーティリティ的な機能に限定しています。

名前	長所	短所
Keras	簡単にニューラルネットワークが実装可能 パフォーマンスが良い（TensorFlowなどのラッパー） 利用者が多い	処理の中身はコードからはまったくわからない オリジナルの処理をさせるのが面倒 計算グラフ構築後、変更不可能
TensorFlow	利用者が多い GPUも利用可能で高速計算に便利 低レベル処理も可能 ライブラリが豊富	使うまで慣れが必要（計算グラフの考え方） 計算グラフ構築後、変更不可能
PyTorch	NumPyと類似した操作方法 動的な計算グラフ（Define by Run） 直感的なコーディングが可能 利用者が増えつつある	多少パフォーマンスが悪い
Caffe	GPU利用可 コミュニティが活発 画像処理ライブラリ多数	カスタマイズがやりにくい 環境構築が比較的大変 今後使われなくなる可能性あり

図11-1　代表的なディープラーニング用のフレームワーク

　この中で、現在最も広く利用されているフレームワークは **Keras** だと考えられます。そこで、10.10節で実装した隠れ層2層の全結合型ディープラーニングと同じロジックのKerasの実装例を図11-2から図11-4に記載します[3]。

　特に図11-3ではモデルの定義が簡潔に表現できている点を確認してください。

---

[3] 図11-2から図11-4のサンプルアプリをJupyter Notebookで動かすためにはTensorflowとKerasの追加導入が必要な場合があります。これらの導入手順については、本書の範囲を超えるのでネット上のガイドなどを参考にしてください。

```python
# データ準備

# 変数定義

# D: 入力層ノードの次元数
D = 784

# H: 隠れ層ノードの次元数
H = 128

# 分類クラス数
num_classes = 10

# Keras の関数でデータの読み込み
from keras.datasets import mnist
(x_train_org, y_train), (x_test_org, y_test) ¥
 = mnist.load_data()

# 入力データの加工(次元を 1 次元に)
x_train = x_train_org.reshape(-1, D) / 255.0
x_test = x_test_org.reshape((-1, D)) / 255.0

# 正解値の加工(One Hot Vector に)
from keras.utils import np_utils
y_train_ohe =¥
 np_utils.to_categorical(y_train, num_classes)
y_test_ohe =¥
 np_utils.to_categorical(y_test, num_classes)
```

図 11-2　Keras を使ったディープラーニングプログラム データ準備部分

```python
# モデルの定義

# 必要ライブラリのロード
from keras.models import Sequential
from keras.layers import Dense

# Sequential モデルの定義
model = Sequential()

# 隠れ層1の定義
model.add(Dense(H, activation='relu', input_shape=(D,)))

# 隠れ層2の定義
model.add(Dense(H, activation='relu'))

# 出力層
model.add(Dense(num_classes, activation='softmax'))

# モデルのコンパイル
model.compile(loss = 'categorical_crossentropy',
              optimizer = 'sgd',
              metrics=['accuracy'])
```

図 11-3 Keras を使ったディープラーニングプログラム モデル定義部分

図 11-4 には学習のコーディングとともに、学習時の画面出力の様子も示しました。1 epoch ごとに処理時間、損失関数値、精度などの情報が表示され、学習の様子がリアルタイムにわかるようになっています。これもフレームワークの付随機能の 1 つとなっています。

```
# 学習

# 学習の単位
batch_size = 512

# 繰り返し回数
nb_epoch = 100

# モデルの学習
history = model.fit(
    x_train,
    y_train_ohe,
    batch_size = batch_size,
    epochs = nb_epoch,
    verbose = 1,
    validation_data = (x_test, y_test_ohe))
```

```
Train on 60000 samples, validate on 10000 samples
Epoch 1/100
60000/60000 [==============================] - 3s 43us/step -
loss: 0.1266 - acc: 0.9646 - val_loss: 0.1333 - val_acc: 0.9588
Epoch 2/100
60000/60000 [==============================] - 3s 47us/step -
loss: 0.1259 - acc: 0.9647 - val_loss: 0.1323 - val_acc: 0.9593
Epoch 3/100
60000/60000 [==============================] - 3s 42us/step -
loss: 0.1251 - acc: 0.9649 - val_loss: 0.1316 - val_acc: 0.9594
```

図11-4　Kerasを使ったディープラーニングプログラム 学習部分と学習時の画面出力

11.2　CNN

　今日のようにディープラーニングが発展したきっかけは、2012年にILSVRC[4]という画像認識のコンテストで圧倒的な精度で優勝したモデルがディープラーニングであったことです。その時に使われていたネットワークの仕組みが**CNN**（Convolutional Neural Network）でした。図11-5に、当時発

---

[4] ImageNet Large Scale Visual Recognition Challengeの略。2010年に始まった、公開データで画像認識・画像分類の技術的進歩を定量的に測るためのコンテストです。

表された論文に記載された**AlexNet**のネットワーク図を記載します。

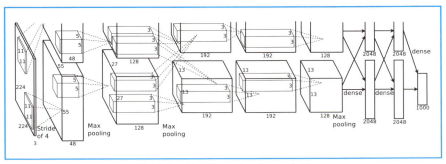

図 11-5　AlexNet のネットワーク図
引用元：https://www.cs.toronto.edu/~kriz/imagenet_classification_with_deep_convolutional.pdf

図 11-6 に CNN の典型的なニューラルネットワークの構造を示します。

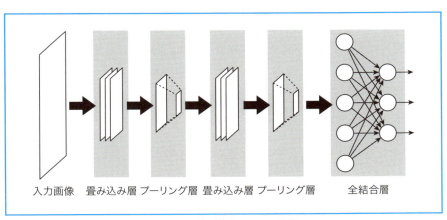

図 11-6　典型的な CNN の構造

　CNN を特徴づけているのは**畳み込み層**（Convolution Layer）と**プーリング層**（Pooling Layer）です。それぞれについて簡単に説明します。

畳み込み層

　図 11-7 に畳み込み層の処理を模式的に示しました。
　まず 3 × 3 や 5 × 5 など小さな正方形領域の配列を用意します。元の画像を 3 × 3 の領域で切り取って、正方形領域の配列との内積をとり、その計算結果

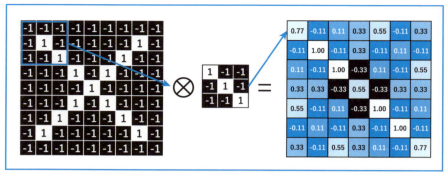

図11-7 畳み込み層の処理の概要
引用元：http://brohrer.github.io/how_convolutional_neural_networks_work.html

を出力領域の出力とします。切り取る領域をずらしていくことにより、新しい正方形の領域に出力パターン（図11-7の右）ができあがります。

　小さな正方形領域の配列がニューラルネットワークの重み行列に該当し、この行列の値がパラメータ値として学習対象になります。実際には、この正方形領域の配列は32枚や64枚など複数枚用意され、畳み込みの処理結果画像もこの枚数分できることになります。図11-6で、畳み込み層のところに複数枚の画像があるのはこのような理由からです。

プーリング層

　図11-8にはプーリング処理として最もよく利用される「Max Pooling」の処理概要を示しました。

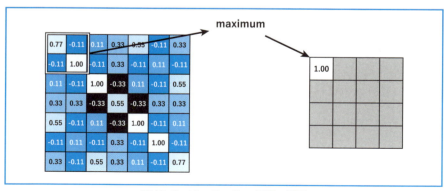

図11-8 Max Pooling処理の概要
引用元：http://brohrer.github.io/how_convolutional_neural_networks_work.html

2×2などの小さな正方形領域で対象画像を区切り、その範囲での最大値を出力とします。正方形領域をずらしていくことで、新しい（画素数が半分になった）イメージ出力が得られます。

CNNは、この**「畳み込み層」**と**「プーリング層」**の組み合わせを繰り返し構成します[5]。これで高い精度でイメージを分類できることがわかっています。

11.3　RNN と LSTM

RNN

CNNはイメージ分類で画期的な結果を出したのですが、1つ弱点がありました。それはイメージのような静的データの分類は得意なのですが、時系列データの処理ができないことです。この対応として考えられたのがRNN（Recurrent Neural Network）です。

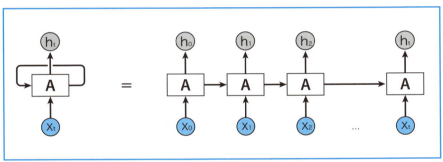

図11-9　RNNのネットワーク図
引用元：http://colah.github.io/posts/2015-08-Understanding-LSTMs/

図11-9を見てください。RNNは図の左側のように、入力層から隠れ層へのネットワークの中で自分自身へのループにあたる接続を含めるようにしました。xの入力が時間ごとに変化することを、時間軸で展開したネットワーク図が図の右側になります。こうすることで、時系列データへ対応できるニューラルネットワークを構成できるようになりました。

RNNは機械翻訳、音声認識、文章合成などの領域で利用されています。

---

[5] より正確には、畳み込み層の直後に活性化関数（ReLU関数）を呼ぶのが標準パターンです。

LSTM

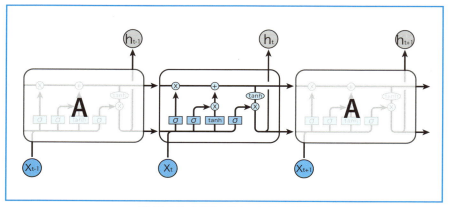

図11-10 LSTMのネットワーク図
引用元：http://colah.github.io/posts/2015-08-Understanding-LSTMs/

　RNNにより時系列データをディープラーニングの対象にすることができたのですが、まだ1つ課題が残っていました。それはRNNでは、長い期間の記憶を持てないことです。モデルを発散させないためには、戻りループへの重みの絶対値を1より小さな値にする必要がありますが、そうすると繰り返しループを回ることで信号が減衰してしまうため、この問題が発生します。

　この対応として考えられたのが、図11-10に示されるLSTM(Long Short-Term Memory)です。LSTMは、マクロで見た構造はRNNと同じなのですが、その内部構造は図11-10にある通り相当複雑になっています。この複雑な仕組みを通して、名前の通り長期記憶も短期記憶も持てるようになったのです。

　LSTMの用途はRNNとほぼ同じで、機械翻訳、音声認識、文章合成などとなっています。ちなみに11.1節で紹介したフレームワークのKerasではLSTMが部品として提供されており、ユーザーは内部の複雑な構造を意識することなく、ブラックボックスとしてLSTMを利用することが可能です。

11.4　数値微分

　ディープラーニングの学習原理は勾配降下法です。そして勾配降下法の根本原理は微分計算にあります。そのため、本書の中では理論編で解説した、いろ

いろな微分の公式を駆使して、シグモイド関数、softmax 関数や交差エントロピー関数などの微分計算をしてきました。

では、Keras などのフレームワークはどのようにして微分計算をしているのでしょうか？ Mathematica のように、数式レベルで微分計算をするシステム[6]も世の中にはありますが、通常のディープラーニング用フレームワークはそのようなアプローチはとらず、数値微分という方法を用いています。

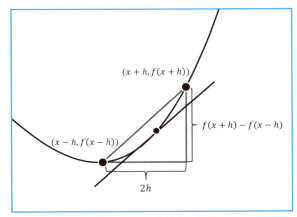

図 11-11　数値微分の原理

図 11-11 を見てください。この図は 2 章で説明した微分の定義の図に多少修正を加えたものです。

$$\lim_{h \to 0} \frac{f(x+h) - f(x-h)}{2h} \qquad (11.4.1)\,{}^{[7]}$$

(11.4.1)式で h の値を限りなく 0 に近づければ、この値は $f'(x)$ の微分に限りなく近づくのですが、有限な値でも小さめの h をとれば、微分値の近似値が得られます。このことを、実際に Python で試してみましょう。

---

[6] 数式処理システムと呼ばれています。
[7] 2 章で示した元々の微分の定義の式より、数値計算の場合、この式の方がよりよい近似式であることが知られています。このことは図 11-11 で直線の傾きと接線の傾きが非常に近そうなことから直感的にわかると思います。

```
import numpy as np

# ネイピア数を底とする指数関数の定義
def f(x):
    return np.exp(x)

# 微少な数 h の定義
h = 0.001

# f'(0) の近似計算
# f'(0) = f(0) = 1 に近い値になるはず
diff = (f(0 + h) - f(0 - h))/(2 * h)

# 結果の確認
print(diff)
```

1.00000016666666813

図 11-12　数値微分の計算

　図 11-12 の結果を見ると、確かに実用上問題のない近似値が得られているようです。

　このように、元の関数からその関数の微分の近似値を得る方法のことを「**数値微分**」といいます。図 11-3 の Keras のコーディングを見直してみるとわかるように、モデル構築時に compile 関数の引数として損失関数（loss）を指定しています。Keras ではこの損失関数を出発点に、数値微分によって誤差逆伝播で必要な微分の近似を取得していることになります。

11.5　高度な学習法

　ディープラーニングの学習の原理は 4 章で学んだ勾配降下法です。ただし、実際に学習をする際にオリジナルの勾配降下法を使った場合、結果が収束しない場合があったり、収束しても計算に時間がかかったりすることがわかっています。そのため、様々な学習法が考案・実装されています。ここではよく利用される代表的なアルゴリズムを紹介します。

これからアルゴリズムを紹介するため、新しい数式の表記法を追加します。まず、損失関数を L とし、L が重み行列 $\boldsymbol{W}$ の関数であるとします。

$$L = L(w_{ij})$$

L を w_{ij} で偏微分した結果を u_{ij} で表します。

$$u_{ij} = \frac{\partial L}{\partial w_{ij}}$$

この結果 $\boldsymbol{U}$ という行列ができますが、この行列を次の式で表すことにします。

$$\boldsymbol{U} = \nabla L$$

∇ の記号は「ナブラ」と呼びます。この記号を用いると、今まで説明してきた勾配降下法の数式は次のように表現できます。

$$\boldsymbol{W}^{(k+1)} = \boldsymbol{W}^{(k)} - \alpha \nabla L$$

Momentum

4章で説明したように勾配降下法では、次のステップに進むための移動量ベクトルに関して「どの向きに進むか」「どの大きさで進むか」の2つがポイントです。

勾配降下法では向きは損失関数の偏微分値をそのまま用いたのですが、**向きの計算方法を工夫して「繰り返し計算の過去のステップで算出した以前の勾配ベクトルも使う」**というのが、Momentum の基本的なアイデアです。具体的には次の式で重み行列を計算していきます。なお、学習率を α、減衰率（learning rate decay）を γ で表しています。

$$\boldsymbol{V}^{(k+1)} = \gamma \boldsymbol{V}^{(k)} - \alpha \nabla L$$
$$\boldsymbol{W}^{(k+1)} = \boldsymbol{W}^{(k)} + \boldsymbol{V}^{(k+1)}$$

減衰率は通常 0.9 などの値を用います。いきなり重み行列の計算をするのではなく、途中に**モーメント行列 $\boldsymbol{V}$** を置いています。この $\boldsymbol{V}$ には、例

えば 1 つ前の偏微分の結果であれば 0.9、2 つ前の偏微分の結果であれば $0.9 * 0.9 = 0.81$ など、古くなるほど寄与率は小さくなりますが、影響が残っています。これらをすべて足し合わせた結果が、新しい重み行列の計算に寄与することになります。

RMSProp

Momentum は移動量ベクトルの「向き」を工夫したものですが、RMSProp はもう 1 つの移動量ベクトルの要素である**「大きさ」の最適化**を目指したものです。具体的なアルゴリズムの式は次のようになります。1 つひとつ追っていくのは大変ですが、最後の式からこのアルゴリズムが**移動量ベクトルの「大きさ」に関するもの**であることがわかります。

$$h_{ij}^{(k+1)} = \alpha \cdot h_{ij}^{(k)} + (1-\alpha)\left(\frac{\partial L}{\partial w_{ij}}\right)^2$$

$$\eta_{ij}^{(k+1)} = \frac{\eta_0}{\sqrt{h_{ij}^{(k+1)}} + \epsilon}$$

$$w_{ij}^{(k+1)} = w_{ij}^{(k)} - \eta_{ij}^{(k+1)}\frac{\partial L}{\partial w_{ij}}$$

Adam

詳細な説明は省略しますが、Momentum によるベクトルの「向き」に関する工夫と RMSProp によるベクトルの「大きさ」に関する工夫を両方取り入れたものになります。最近のディープラーニングのモデルで標準的に使用されることが多いです。

Keras を使う場合、これらの最適化関数の選択は、compile 関数の引数 optimizer で簡単に変更可能です。このことを利用して、11.1 節で紹介したサンプルアプリケーションで、学習法のみを差し替えた結果のグラフを示します。Momentum、RMSProp どちらの方式でもオリジナルの勾配降下法である確率的勾配降下法（SGD）よりはるかに効率よく学習できていることがわかると思います。

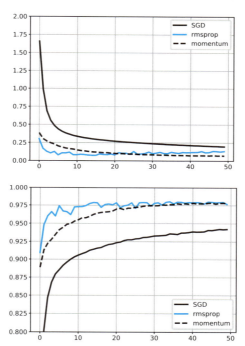

図 11-13　複数の学習法による学習効率の比較（上：損失関数　下：精度）

11.6　過学習対策

　ディープラーニングは、大量の学習データがあれば一般的に通常の機械学習と比較して高い精度が出るのですが、1つ大きな問題があります。それは**過学習**と呼ばれる問題です。

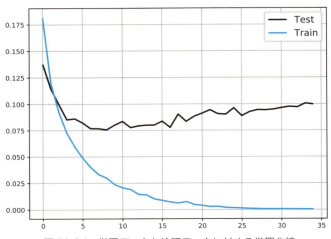

図 11-14 　学習データと検証データに対する学習曲線

　図 11-14 を見てください。これは横軸を学習の繰り返し回数、縦軸をモデルの損失関数値として、学習データ（Train）、検証データ（Test、学習に使っていない）のそれぞれに対する損失関数値の推移を学習曲線としてプロットしたものです。学習データに対する損失関数値はどんどん下がっているのに対して検証データに対する損失関数値はあるところから上がっていることがわかると思います。

　特定の学習データを繰り返し使って、そのデータに関する損失関数の値が小さくなるパラメータ値を探すのが、機械学習・ディープラーニングの原理です。しかし、やりすぎると本来の目的である、学習に使っていないデータへの数値が悪くなってしまうのです。この問題に対する一番わかりやすい解決策は、学習データをあらかじめ、「**学習用**」と「**検証用**」に分けておいて、検証データに対する精度が落ちてきたら（あるいはそれ以上向上しなくなったら）そこで学習を打ち切る方法です。この方法は実践編の実習の中でもいくつか実際に行ってきました。

　本節では、この方法以外に、アルゴリズムとして過学習を防ぐのに有効であるとされているいくつかの方法を紹介します。

ドロップアウト

図 11-15 を見てください。これがドロップアウトを用いた学習の概念図となります。

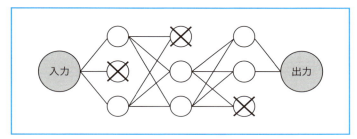

図 11-15　ドロップアウトの概念図

ドロップアウトを用いた学習は次のような形で進められます。

(1) ニューラルネットワークを定義する際に、層と層の間にドロップアウト層を追加します。ドロップアウト層は、ドロップアウトの比率を設定しておきます。
(2) 学習のたびに、あらかじめ指定した比率だけ、ランダムにドロップアウトのノードが選ばれます。入り口の閉じたトンネルのようなものと考えてください。この状態で学習が行われるのですが、結果的に図 11-15 のようにドロップアウトに該当した一部のノードがない状態で学習することになります。
(3) 次の学習時には、新しい乱数により別のノードがドロップアウトの対象として選ばれます。その後の学習に関しても同様です。
(4) 学習が完了し、予測モードになったときは、ドロップアウトの状態をなくしてすべてのノードが参加した形で予測を行います。

学習の回ごとに学習に参加するノードを入れ替えることにより、満遍なくドロップアウトが行き渡り、結果的に過学習対策になると考えられます。Keras では、ドロップアウト用の部品があらかじめ用意されていて、ノード間にこの部品を配置することでドロップアウトを使用することが可能です。

正則化

過学習とは、モデルが学習データに過剰適応してしまい、汎用性がなくなった状態になります。

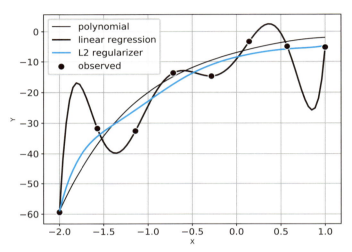

図 11-16　過学習した曲線と L2 正則化を加えた曲線

図 11-16 を見てください。この図の黒の太い曲線は、学習データ（黒い点）を多項式近似したモデルの曲線です。学習値として与えられた点を無理矢理通るため、他の箇所が不自然な状態になっていることが見てとれると思います。このように過剰適応したモデルの特徴として、重み行列・重みベクトルの係数の絶対値が大きなものになっていることがあります。

そこで、機械学習を行う際の損失関数として本来の関数に追加で、重み行列・重みベクトルの係数の大きさに比例した項目（ペナルティー項と呼ばれます）を付け加え、これを新しい損失関数にして、その最適化を図る考えが生まれました。これが **正則化**（regularization）と呼ばれる手法になります。

ペナルティー項の計算方法として、各重み要素の 2 乗（**L2 ノルム** と呼ばれます）を加える方法と絶対値（**L1 ノルム** と呼ばれます）を加える方法があります。図 11-16 の青い曲線は、損失関数に L2 ノルムも追加したモデルにより学習した結果です。元の黒い曲線と比べて自然な曲線となっていることがわかると思います。

これは、従来型の機械学習モデル（回帰モデル）の例ですが、ディープラーニングモデルでも通用します。Kerasでは重み行列を定義する際に、kernel_regularizerというオプションで正則化ができるようになっています。

Batch Normalization

ミニバッチ学習法を行うときの対象となる入力データに対して、正規化（Normalization）と呼ばれる前処理を行う学習法です。正規化は、元のデータ系列が正規分布に従うことを前提として、データ系列を平均0、分散1の系列に変換するための統計解析の手法ですが、前処理の式を書き下すと次のようになります。

M：データ系列の個数
$x^{(m)}$：m番目のデータ系列の値

平均μの計算

$$\mu = \frac{1}{M} \sum_{m=1}^{M} x^{(m)}$$

分散σの計算

$$\sigma^2 = \frac{1}{M} \sum_{m=1}^{M} (x^{(m)} - \mu)^2$$

データ系列の正規化

$$\hat{x}^{(m)} = \frac{x^{(m)} - \mu}{\sqrt{\sigma^2 + \epsilon}}$$

（ϵは3番目の式の分母がゼロにならないように定める正の小さな数）

入力時にこのような変換を加えることで、誤差逆伝播の計算時にも追加の計算が必要となりますが、その数式については省略します。

Batch Normalizationは過学習にも効果があるのですが、その他にも学習が早くできる効果があると言われています。Kerasではこの処理に関しても

「BatchNormalization」というコンポーネントを追加することで実装可能です。

11.7　学習の単位

4.5 節のコラムと 10.7 節で、事前に準備した学習データをどのような単位で勾配降下法に適用するかという話をしました。これは学習において重要な話なので、改めてそれぞれの方式と特徴を整理しておきます。

バッチ学習：

N 個（10 章の例題では 6 万個）の学習データがある場合に、N 個すべての損失関数の総和を考え、これを最小化する方向で学習を進める方法です。処理に一番時間のかかる誤差逆伝播の計算回数が少なくて済み、安定して収束するのですが、局所最適解にとどまるリスクがあります[8]。

オンライン学習（確率的勾配降下法）：

N 個の学習データからランダムに 1 個のデータを抜き出し、このデータによる損失関数を最小化する方向で学習を進める方式です。局所最適解ではなく、本当の最適解が見つかる可能性は高まりますが、結果が安定せず、計算コストも余分にかかるので、利用されないことが多いです。

ミニバッチ学習：

バッチ学習とオンライン学習の折衷案です。N 個の学習データから m 個（通常 2 のべき乗とすることが多い）のデータをランダムに取り出し、この m 個のデータによる損失関数を最小化する方向で学習を進める方式です。メリット、デメリットも両者の中間となります。

本書の実習との関連を説明すると、7 章から 9 章までの実習ではデータ件数が少ないこともありバッチ学習法を利用しています。また、前章では学習データ件数 6 万件と多いので、1 回あたりに 512 件ずつ取り出して学習するミニバッチ学習法を使用しました。

---

[8] 局所最適解については 4.5 節コラムで解説しました。

Kerasの場合、学習用のfit関数にbatch_sizeというパラメータが存在し、最初からミニバッチ学習で学習することが前提となっています。必要であれば、このパラメータに学習データ件数と同じ値を指定するとバッチ学習に、1を指定するとオンライン学習にできます。

11.8 重み行列の初期化

10.8節の実習の中で、重み行列の配列としてのサイズが大きくなった場合、勾配降下法を始めるにあたって重み行列の初期値が重要であることを説明しました。この点に関しても多くの研究がされています。Kerasではその中で特に有効とされているアルゴリズムがいくつも実装されていて、kernel_initializerというパラメータを指定することで、適切な方式を用いることが可能です。その中で代表的なものを紹介します。

He normal：

10.8節の実習で使用した方法です。活性化関数にReLU関数を使っている場合に適した方式といわれています。

入力層ノードの次元数を N としたとき、平均 0、標準偏差 σ

$$\sigma = \sqrt{\frac{2}{N}}$$

の性質を持つ乱数で初期化します。Kerasで利用する場合は

```
kernel_initializer = 'he_normal'
```

のように指定します。

Glorot Uniform：

Kerasのデフォルトの初期化方式で、特にオプションを指定しない場合、この初期化方式が用いられます。

重み行列から見た入力層ノードの次元数を N_1、出力層ノードの次元数を N_2 とする場合

$$\text{limit} = \sqrt{\frac{6}{N_1 + N_2}}$$

で計算した値を基に区間 [-limit, limit] の一様乱数により初期化をします。

Keras で利用する場合は

```
kernel_initializer='glorot_uniform'
```

のように指定をします。

11.9　次の頂上に向けて

ディープラーニングの世界は日進月歩です。紙面の都合で本章で紹介できなかった概念・方式として次のようなものがあります。

　画像処理方式：物体検知、セグメンテーションなど
　学習方式：転移学習、Teacher-Student モデル、GAN（Generative Adversarial Network）など

1.2 節で言葉だけ紹介した強化学習は、モデルの枠組みが高度なため、本書では扱いませんでした。実はこの強化学習の世界も、ディープラーニングの考えを取り入れて DQN（Deep Q-Network）となったことにより、囲碁・ロボット制御などの領域で驚くような成果を収めるようになったのは、よく知られています。

これらの最先端の技術も、一番基本の学習法に関しては本書で学んだ勾配降下法による方式をそのまま利用しています。本書でディープラーニングの基本を理解できた読者は、簡単にこうした最新技術の概念・方式を理解できるようになるはずです。次のステップとして、ぜひこれらの新しい山の頂上を目指してください。

付録

Jupyter Notebook の導入方法 (Windows、Mac)

付録 Jupyter Notebookの導入方法（Windows、Mac）

Jupyter Notebook[1]とは、ノートブックと呼ばれる形式で作成したプログラムを実行し、その結果を記録しながらデータの分析作業を進めるためのツールです。グラフを表示することもできれば、Markdownと呼ばれる簡易的な文書整形言語により数式を表示することも可能で、本書のようなディープラーニングの学習には最適な環境となっています。

そこで本書では、各章で掲載しているプログラムをすべて素のPythonではなく、Jupyter Notebook形式で提供することとしました。

Jupyter Notebookは、WindowsやMacのようなパソコンに導入して使うこともできますし、Google社で提供しているクラウドサービスの1つであるGoogle Colaboratoryなどの上で動かすことも可能です。

この付録ではWindowsとMacのパソコンに対する導入手順を紹介します。本書で提供しているすべてのNotebookファイルについて、上記2つのプラットフォームで動作を確認しています（2019年3月時点）。

Google Colaboratoryに関しては以下のURLで利用手順を記載しました。

『書籍「ディープラーニングの数学」のNotebookをGoogle Colaboratoryで動かす』
https://qiita.com/makaishi2/items/8a7f530ad9b18b1f0b61
短縮URL：https://bit.ly/3W658Dq

Pythonのようなオープンソースソフトウエアは日々バージョンアップが行われています。そのため古いバージョンに合わせて作ったNotebookのプログラムが最新版の環境で動かなくなる可能性があります。

動作を確認したソフトウエアのバージョンについては、巻末に記載した読者限定サイトを参照してください。今後のバージョンアップによって起こり得るトラブルへの解決策については、巻末に記載した「訂正・補足情報」で可能な

---
[1] 「ジュピター・ノートブック」または「ジュパイター・ノートブック」と読みます。

範囲で記載していきます。今後のすべてのトラブルを解決することはできないので、あらかじめご了承ください。

A-1　Windows 環境への導入

次の URL をブラウザから入力します。
https://www.anaconda.com/distribution/

下の画面が出てくるので「Download」をクリックします。

画面上部のプラットフォーム：Windows を選択した後、Python 3.7 version の「Download」をクリックします。ダウンロードには相当時間がかかります。

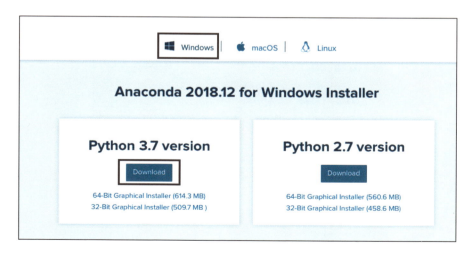

ダウンロード後、インストーラを起動すると下の画面が表示されます。デフォルトの「Just Me」が選択されている状態で「Next」をクリックします。

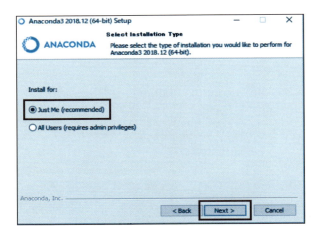

次の画面もデフォルトの状態で「Next」をクリック。

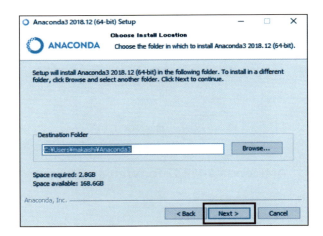

次の画面では、デフォルトでは選ばれていない上のチェックボックスにもチェックをつけて「Install」をクリックします。赤い警告画面が出ますが、気にしなくて構いません。そうしないと後でJupyter Notebookを利用する際に不便になってしまいます。

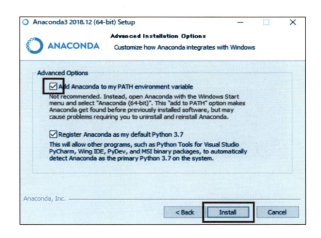

　導入が終わって下の画面が表示されたら、「Skip」をクリックします。

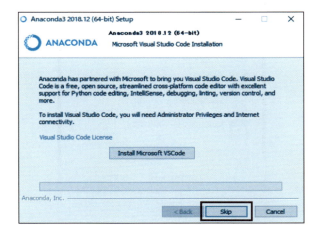

導入完了後のスタートメニューです。Anaconda3 の配下に「Jupyter Notebook」というアプリケーションがあるので、これを選択すると Jupyter Notebook が起動します。

　アプリケーション選択の画面では、Microsoft Edge など普段使っているブラウザを選択します。

　次が Jupyter Notebook の初期画面です。ファイルツリー表示になっていて、フォルダーを指定するとその配下が展開します。拡張子が ipynb のファイルを

選択すると、Notebook ファイルが読み込まれます。

Notebook ファイルを読み込んだ後の画面は下のようになります。

Jupyter Notebook 操作の詳細に関しては、他の資料を参照してください。最低限の操作としては、実行したい四角い領域（セルと呼びます）を選択した状態で Shift + Enter または枠で囲んだ「Run」アイコンをクリックすると、そ

のセルがプログラムとして実行され、選択セルが1つ先に進みます。Shift + Enter を繰り返し実行すると、Notebook 上のすべてのセルが実行されることになります。

A-2　Mac 環境への導入

次の URL をブラウザから入力します。
https://www.anaconda.com/distribution/

下の画面が出てくるので「Download」をクリックします。

画面上部のプラットフォーム：macOS を選択した後、Python 3.7 version の「Download」をクリックします。ダウンロードには相当時間がかかります。

ダウンロード後、インストーラを起動すると下のような初期セットアップの画面が表示されます。すべてデフォルト値で導入を先に進めてください。

導入が終わって下の画面が表示されたら、Microsoft VSCode は不要なので単に右下の「続ける」をクリックします。

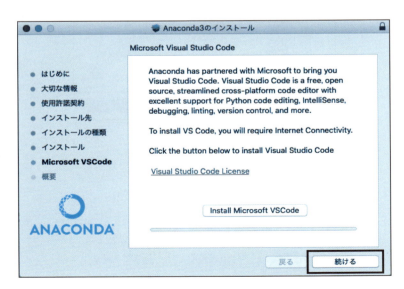

導入が完了すると、下の画面のように「Anaconda-Navigator.app」が追加されているので、これをクリックして起動します。

　下の画面では、デフォルトで選ばれている「Ok, and don't show again」をクリック。

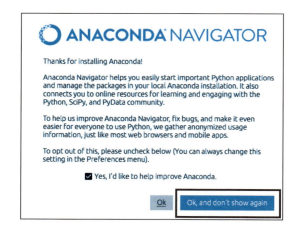

下のようなNavigatorの画面が出てくるので、「Jupyter Notebook」のロゴ下の「Launch」をクリックします。

　すると、下のようなJupyter Notebookの初期画面が表示されます。ファイルツリー表示になっていて、フォルダーを指定するとその配下が展開します。拡張子がipynbのファイルを選択すると、Notebookファイルが読み込まれます。

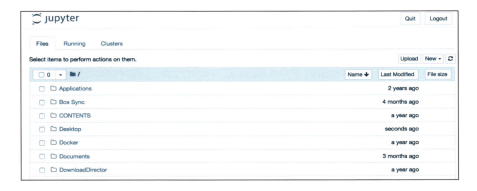

Notebook ファイルを読み込んだ後の画面は下のようになります。

Jupyter Notebook 操作の詳細に関しては、他の資料を参照してください。最低限の操作としては、実行したい四角い領域（セルと呼びます）を選択した状態で Shift + Enter または枠で囲んだ「Run」アイコンをクリックすると、そのセルがプログラムとして実行され、選択セルが 1 つ先に進みます。Shift + Enter を繰り返し実行すると、Notebook 上のすべてのセルが実行されることになります。

索　引

英数字、記号

∇ ·· 319
Σ記号 ·· 88
2次元ベクトルの長さ（絶対値）の公式 ··· 87
2値分類 ·· 204
2変数関数 ·· 107
3次元ベクトルの長さ（絶対値）の公式 ··· 88
3層ニューラルネットワーク ······················ 268
accuracy_score 関数 ··································· 261
Adam ·· 320
AlexNet ·· 313
argmax 関数 ··· 261
Batch Normalization ································· 325
Caffe ·· 309
Chainer ··· 309
CNN ··· 312
Combination ··· 64
DQN ··· 328
e ··· 142
$\exp(x)$ ·· 146
fit_transform 関数 ······································· 253
GAN ··· 328
Glorot Uniform ·· 327
He normal ··· 327
Iris Data Set ··································· 204, 238
Keras ··· 309
L1 ノルム ·· 324
L2 ノルム ·· 324
LSTM ··· 316
mnist 手書き数字 ··· 269
Momentum ··· 319
np.c_ ··· 253
NumPy ·································· 39, 191
n 次元ベクトルのときの絶対値の公式 ······ 88
One Hot ベクトル ······································ 241
One Hot ベクトル化 ·································· 253
ReLU 関数 ·· 297
RMSProp ·· 320
RNN ··· 315
scikit-learn ··· 232
shape ··· 186
softmax 関数 ···················· 150, 238, 244
SVM ··· 232
Teacher-Student モデル ···························· 328
TensorFlow ·· 309
The Boston Housing Dataset ··············· 173
x^r の微分の公式 ·· 63

い

移動量ベクトル ·· 120

お

オーバーフロー対策 ···································· 255
重み ·· 32
重み行列 ··· 238, 242
オンライン学習 ·· 326

か

回帰 ·· 31
回帰直線 ··· 189
解析解 ··· 172
過学習対策 ·· 321
学習曲線 ······························ 190, 230, 262
学習データ ·· 222
学習フェーズ ······································· 22, 58
学習率 ··································· 124, 184, 202
確率 ··· 156
確率的勾配降下法 ··························· 126, 326
確率分布 ··· 157
確率分布関数 ·· 164
確率変数 ··· 156
確率密度関数 ·· 162
隠れ層ノード ··································· 268, 270
活性化関数 ·· 32, 270
関係グラフ ·· 179
関数 ·· 44
関数の等高線 ·· 124
観測値 ··· 21

き

機械学習 ·· 18
逆関数 ·· 49, 135
逆関数の微分の公式 ······································ 69
強化学習 ·· 21
教師あり学習 ·· 20
教師データ ··· 20

教師なし学習‥‥‥‥‥‥‥‥‥‥‥‥‥‥ 20
行列‥‥‥‥‥‥‥‥‥‥‥‥‥‥‥‥‥‥ 102
行列とベクトルの積‥‥‥‥‥‥‥‥‥‥ 102
極限‥‥‥‥‥‥‥‥‥‥‥‥‥‥‥‥‥‥ 53
極小‥‥‥‥‥‥‥‥‥‥‥‥‥‥‥‥‥‥ 59
極小値‥‥‥‥‥‥‥‥‥‥‥‥‥‥‥‥‥ 59
局所最適解‥‥‥‥‥‥‥‥‥‥‥‥‥‥ 126
極大‥‥‥‥‥‥‥‥‥‥‥‥‥‥‥‥‥‥ 59
極大値‥‥‥‥‥‥‥‥‥‥‥‥‥‥‥‥‥ 59
近似解‥‥‥‥‥‥‥‥‥‥‥‥‥‥‥‥ 172

く
グラフ‥‥‥‥‥‥‥‥‥‥‥‥‥‥‥‥‥ 45

け
決定木‥‥‥‥‥‥‥‥‥‥‥‥‥‥ 23, 31
決定境界‥‥‥‥‥‥‥‥‥‥‥‥‥‥‥ 207
原始関数‥‥‥‥‥‥‥‥‥‥‥‥‥‥‥‥ 73
検証データ‥‥‥‥‥‥‥‥‥‥‥‥‥‥ 222

こ
交差エントロピー‥‥‥‥‥‥ 217, 233, 246
交差エントロピー関数‥‥‥‥‥‥‥‥‥ 260
合成関数‥‥‥‥‥‥‥‥‥‥‥‥‥‥‥ 47
合成関数の微分‥‥‥‥‥‥‥‥‥‥ 66, 113
合成関数の微分の公式‥‥‥‥‥‥‥‥‥ 68
勾配計算‥‥‥‥‥‥‥‥‥‥‥‥‥‥‥ 293
勾配降下法‥‥‥‥‥ 23, 32, 106, 117, 176, 182,
　　　　　　　　220, 251, 274, 283
勾配降下法の公式‥‥‥‥‥‥‥‥‥‥‥ 124
誤差‥‥‥‥‥‥‥‥‥‥‥‥‥‥‥‥‥ 219
誤差逆伝播‥‥‥‥‥‥‥‥‥‥‥‥‥‥ 278
誤差計算‥‥‥‥‥‥‥‥‥‥‥‥‥‥‥ 293

さ
最尤推定‥‥‥‥‥‥‥‥‥‥‥‥ 166, 218
サポートベクターマシン‥‥‥‥‥‥ 31, 232
三角関数‥‥‥‥‥‥‥‥‥‥‥‥‥‥‥‥ 92
三角比‥‥‥‥‥‥‥‥‥‥‥‥‥‥‥‥‥ 91
残差平方和‥‥‥‥‥‥‥‥‥‥‥‥ 26, 172
散布図‥‥‥‥‥‥‥‥‥‥‥‥‥‥‥‥‥ 25

し
シグモイド関数‥‥‥‥‥‥‥ 147, 164, 208
シグモイド関数の微分結果‥‥‥‥‥‥‥ 149
指数関数‥‥‥‥‥‥‥‥‥‥‥ 35, 128, 131
指数関数の公式‥‥‥‥‥‥‥‥‥‥‥‥ 133
指数関数の微分‥‥‥‥‥‥‥‥‥‥‥‥ 145
自然対数‥‥‥‥‥‥‥‥‥‥‥‥‥‥‥ 142
重回帰モデル‥‥‥‥‥‥‥‥‥ 35, 175, 196
集計関数‥‥‥‥‥‥‥‥‥‥‥‥‥‥‥ 256
出力層ノード‥‥‥‥‥‥‥‥‥‥‥‥‥ 270
順伝播‥‥‥‥‥‥‥‥‥‥‥‥‥‥ 273, 293
商の微分の公式‥‥‥‥‥‥‥‥‥‥‥‥ 71
人工知能（AI）‥‥‥‥‥‥‥‥‥‥‥‥ 18

す
数値微分‥‥‥‥‥‥‥‥‥‥‥‥‥‥‥ 316

せ
正解データ‥‥‥‥‥‥‥‥‥‥‥‥‥‥ 20
正規分布関数‥‥‥‥‥‥‥‥‥‥‥‥‥ 160
正則化‥‥‥‥‥‥‥‥‥‥‥‥‥‥‥‥ 324
精度‥‥‥‥‥‥‥‥‥‥‥‥‥‥‥‥‥ 225
積の微分の公式‥‥‥‥‥‥‥‥‥‥‥‥ 66
積分定数‥‥‥‥‥‥‥‥‥‥‥‥‥‥‥ 74
セグメンテーション‥‥‥‥‥‥‥‥‥‥ 328
接線の公式‥‥‥‥‥‥‥‥‥‥‥‥‥‥ 57
線形回帰‥‥‥‥‥‥‥‥‥‥‥‥‥‥‥ 24
線形回帰モデル‥‥‥‥‥‥‥‥‥‥‥‥ 172
線形性‥‥‥‥‥‥‥‥‥‥‥‥‥‥‥‥ 61
線形単回帰‥‥‥‥‥‥‥‥‥‥‥‥‥‥ 31
全微分‥‥‥‥‥‥‥‥‥‥‥‥‥‥‥‥ 111

そ
損失関数‥‥‥‥‥‥‥‥ 23, 24, 32, 172, 179,
　　　　　　　　　216, 245, 273
損失関数値‥‥‥‥‥‥‥‥‥‥‥ 225, 260

た
対数関数‥‥‥‥‥‥‥‥‥‥‥‥ 35, 134
対数関数の公式‥‥‥‥‥‥‥‥‥‥‥‥ 138
対数関数の微分‥‥‥‥‥‥‥‥‥‥‥‥ 141
対数尤度関数‥‥‥‥‥‥‥‥‥‥ 215, 246
多項式の微分の公式‥‥‥‥‥‥‥‥‥‥ 62
畳み込み層‥‥‥‥‥‥‥‥‥‥‥‥‥‥ 313
多値分類‥‥‥‥‥‥‥‥‥‥‥‥‥‥‥ 238
多変数関数‥‥‥‥‥‥‥‥‥‥ 35, 106, 108

多変数関数の微分 109
単回帰モデル 175
単純ベイズ 31

ち
中間値ベクトル 270
チューリング・テスト 18
中心極限定理 160
直線の方程式 56

て
ディープラーニング 18
ディープラーニングモデル 268
定積分 74
底の変換公式 138
転移学習 328

と
ドロップアウト 323

に
二項定理 64
二項分布 157
ニューラルネットワーク 31, 33
入力データ 20

ね
ネイピア数 35, 142

は
パーセプトロン 207
バッチ学習 326
バッチ学習法 126

ひ
ヒストグラム 158
微積分の基本定理 73
微分 35, 51

ふ
プーリング層 313
物体検知 328
不定積分 73
フレームワーク 308

分類 31

へ
ベクトル間の距離 89
ベクトル値関数 114, 150
ベクトルの差 84
ベクトルの絶対値 87
ベクトルの長さ 86
ベクトルの和 82
変化量 55
偏微分 35, 108

ほ
方策 21
報酬 21

み
ミニバッチ学習 326
ミニバッチ学習法 126, 288

も
モデルの評価 223

ゆ
尤度関数 166, 214

よ
予測関数 186, 212, 224
予測フェーズ 22, 58

ら
ランダムフォレスト 31

る
累乗の法則 129
ルールベースシステム 18

れ
連鎖律 68

ろ
ロジスティック回帰 31
ロジスティック回帰モデル 204

本書で紹介する Jupyter Notebook ファイルなどの入手方法
本書の GitHub ページ「https://github.com/makaishi2/math_dl_book_info」（短縮 URL：http://bit.ly/2Ek8sFu）において、Apache License 2.0 で公開しています。

本書のサポートサイト

訂正・補足情報について
本書の GitHub ページ「https://github.com/makaishi2/math_dl_book_info」（短縮 URL：http://bit.ly/2Ek8sFu）に掲載しています。

最短コースでわかる
ディープラーニングの数学

2019 年 4 月 15 日　第 1 版第 1 刷発行
2024 年 6 月 14 日　第 1 版第 7 刷発行

著　　者　赤石 雅典
発 行 者　中野 淳
編　　集　安東 一真
発　　行　日経 BP 社
発　　売　日経 BP マーケティング
　　　　　〒 105-8308　東京都港区虎ノ門 4-3-12
装　　丁　小口 翔平＋岩永 香穂 (tobufune)
制　　作　JMC インターナショナル
印刷・製本　図書印刷

ISBN 978-4-296-10250-1
© 赤石 雅典 2019　Printed in Japan

●本書に記載している会社名および製品名は、各社の商標または登録商標です。なお本文中に™、® マークは明記しておりません。
●本書の無断複写・複製（コピー等）は著作権法上の例外を除き、禁じられています。購入者以外の第三者による電子データ化および電子書籍化は、私的使用を含め一切認められておりません。
●本書籍に関するお問い合わせ、ご連絡は下記にて承ります。なお、本書の範囲を超えるご質問にはお答えできませんので、あらかじめご了承ください。ソフトウエアの機能や操作方法に関する一般的なご質問については、ソフトウエアの発売元または提供元の製品サポート窓口へお問い合わせいただくか、インターネットなどでお調べください。
　　https://nkbp.jp/booksQA